電子情報通信レクチャーシリーズ **C-4**

数理計画法

電子情報通信学会● 編

山下信雄
福島雅夫 共著

コロナ社

▶電子情報通信学会 教科書委員会 企画委員会◀

- ●委員長 ────── 原 島　　博（東 京 大 学 教 授）
- ●幹事 ──────── 石 塚　　満（東 京 大 学 教 授）
  （五十音順）
  　　　　　　　　　　大 石 進 一（早 稲 田 大 学 教 授）
  　　　　　　　　　　中 川 正 雄（慶 應 義 塾 大 学 教 授）
  　　　　　　　　　　古 屋 一 仁（東 京 工 業 大 学 教 授）

▶電子情報通信学会 教科書委員会◀

- ●委員長 ──────── 辻 井 重 男（東京工業大学名誉教授）
- ●副委員長 ─────── 神 谷 武 志（東京大学名誉教授）
  　　　　　　　　　　宮 原 秀 夫（大阪大学名誉教授）
- ●幹事長兼企画委員長 ── 原 島　　博（東 京 大 学 教 授）
- ●幹事 ────────── 石 塚　　満（東 京 大 学 教 授）
  （五十音順）
  　　　　　　　　　　大 石 進 一（早 稲 田 大 学 教 授）
  　　　　　　　　　　中 川 正 雄（慶 應 義 塾 大 学 教 授）
  　　　　　　　　　　古 屋 一 仁（東 京 工 業 大 学 教 授）
- ●委員 ────────── 122 名

（2008 年 4 月現在）

刊行のことば

　新世紀の開幕を控えた 1990 年代，本学会が対象とする学問と技術の広がりと奥行きは飛躍的に拡大し，電子情報通信技術とほぼ同義語としての "IT" が連日，新聞紙面を賑わすようになった．

　いわゆる IT 革命に対する感度は人により様々であるとしても，IT が経済，行政，教育，文化，医療，福祉，環境など社会全般のインフラストラクチャとなり，グローバルなスケールで文明の構造と人々の心のありさまを変えつつあることは間違いない．

　また，政府が IT と並ぶ科学技術政策の重点として掲げるナノテクノロジーやバイオテクノロジーも本学会が直接，あるいは間接に対象とするフロンティアである．例えば工学にとって，これまで教養的色彩の強かった量子力学は，今やナノテクノロジーや量子コンピュータの研究開発に不可欠な実学的手法となった．

　こうした技術と人間・社会とのかかわりの深まりや学術の広がりを踏まえて，本学会は 1999 年，教科書委員会を発足させ，約 2 年間をかけて新しい教科書シリーズの構想を練り，高専，大学学部学生，及び大学院学生を主な対象として，共通，基礎，基盤，展開の諸段階からなる 60 余冊の教科書を刊行することとした．

　分野の広がりに加えて，ビジュアルな説明に重点をおいて理解を深めるよう配慮したのも本シリーズの特長である．しかし，受身的な読み方だけでは，書かれた内容を活用することはできない．"分かる" とは，自分なりの論理で対象を再構築することである．研究開発の将来を担う学生諸君には是非そのような積極的な読み方をしていただきたい．

　さて，IT 社会が目指す人類の普遍的価値は何かと改めて問われれば，それは，安定性とのバランスが保たれる中での自由の拡大ではないだろうか．

　哲学者ヘーゲルは，"世界史とは，人間の自由の意識の進歩のことであり，… その進歩の必然性を我々は認識しなければならない" と歴史哲学講義で述べている．"自由" には利便性の向上や自己決定・選択幅の拡大など多様な意味が込められよう．電子情報通信技術による自由の拡大は，様々な矛盾や相克あるいは摩擦を引き起こすことも事実であるが，それらのマイナス面を最小化しつつ，我々はヘーゲルの時代的，地域的制約を超えて，人々の幸福感を高めるような自由の拡大を目指したいものである．

　学生諸君が，そのような夢と気概をもって勉学し，将来，各自の才能を十分に発揮して活躍していただくための知的資産として本教科書シリーズが役立つことを執筆者らと共に願っ

ている．

　なお，昭和55年以来発刊してきた電子情報通信学会大学シリーズも，現代的価値を持ち続けているので，本シリーズとあわせ，利用していただければ幸いである．

　終わりに本シリーズの発刊にご協力いただいた多くの方々に深い感謝の意を表しておきたい．

　2002年3月　　　　　　　　　　　　　　　　　　　電子情報通信学会 教科書委員会
　　　　　　　　　　　　　　　　　　　　　　　　　　委員長　辻　井　重　男

まえがき

　数理計画法は現実社会に現れるさまざまな問題の最適な解決策を与える数理モデル (定式化) とその解法を提供する．理系の大学生は，「力学」におけるラグランジュの未定乗数法や「統計」における最小二乗問題などで，すでに数理計画法の一端を利用していることであろう．そのような数理計画法の基本的な理論と解法の多くは 20 世紀に確立されている．特に，1947 年に G. Dantzig によって単体法が開発されて以降，数理計画法の研究は飛躍的に進み，現実のさまざまな分野で活用されている．情報通信技術の革新により，高精度な定式化，大規模な計算が可能になる 21 世紀では，その応用範囲はますます拡大していくだろう．一方，高齢化，環境，食糧，資源など 21 世紀に直面する多くの社会問題は，「最適化」なくして解決できないものばかりである．数理計画法が提供する最適化の手法だけでそのような問題を解決できるわけではないが，その一翼を担うことは確かである．

　数理計画法の扱う数理モデルは，線形計画問題，凸計画問題，非線形計画問題，組合せ最適化問題，多目的最適化問題など，多種多様であり，それぞれのモデルに適した解法が存在する．本書は数理計画法の初学者向けの教科書であるため，それらの問題すべてを扱う代わりに，凸計画問題を中心として，数理計画法の基礎的な理論と実際に使われているいくつかの代表的な解法を解説している．一方，現実の問題に対する具体的な定式化技法や組合せ最適化問題に関しては，本書で扱う内容と同様，重要ではあるが，詳しく説明していない．

　1 章では本書で扱う数理計画問題の基本的な記述方法や分類方法を説明した後で，数理計画法のイメージをつかむためにいくつかの具体的な問題例を紹介する．2 章では，数理計画法に関する基礎的な用語や定義を与える．3 章から 6 章では，凸計画問題を中心に，数理計画法の理論を解説する．7 章以降では，数理計画問題の代表的な解法を紹介する．これらの手法の多くは，3 章から 6 章で説明する理論に基づいている．また，付録では，本書で用いる基礎的な数学の用語をまとめている．

　本書で扱う内容は，すでに確立した理論と有効性が確認されている基本的な解法に限定している．より高度な事柄については，本書の最後で紹介する専門書を参照してほしい．また，数理計画法の専門家でなくても，最新のパッケージソフトを使うことによって，最先端の最適化手法を活用することができる．本書の読者が，日々研究・開発が進む数理計画法のことを心にとどめ，いつか数理計画法を使うことによって "最適な何か" を得ることができれば幸いである．

本書執筆にあたり，コロナ社の方々には，長きにわたり激励をいただき，またご迷惑をおかけした．また，京都大学大学院の同僚および学生諸君，特に林俊介，上田健詞，金山宗高，久保田雄統，黒川典俊，西村亮一の諸氏には，出版前の原稿に目を通して，多くの誤りを指摘していただいた．ここに記して深く感謝する．

2008 年 3 月

山　下　信　雄
福　島　雅　夫

目次

1. 数理計画法とは

1.1 数理計画問題 ……………………………………… 2
1.2 数理計画問題の分類 ……………………………… 5
1.3 数理計画問題の例 ………………………………… 8
談話室　よい定式化とは ……………………………… 18
本章のまとめ …………………………………………… 19
理解度の確認 …………………………………………… 20

2. 数理計画法の基礎概念

2.1 数学の準備 ………………………………………… 22
2.2 問題に関する事柄 ………………………………… 25
2.3 解法に関する事柄 ………………………………… 28
談話室　反復法の部分問題 …………………………… 29
談話室　大域的収束 …………………………………… 30
本章のまとめ …………………………………………… 32
理解度の確認 …………………………………………… 33

3. 凸計画問題

3.1 凸計画問題とは …………………………………… 36
3.2 凸集合 ……………………………………………… 38
3.3 凸関数 ……………………………………………… 40
談話室　凸計画問題への定式化 ……………………… 46
本章のまとめ …………………………………………… 47

|　　　理解度の確認 ……………………………………………………… 48

4. 制約なし最小化問題に対する最適性の条件

|　　　4.1　最適性の必要条件 ……………………………………………… 50
|　　　4.2　最適性の十分条件 ……………………………………………… 52
|　　　談話室　局所的最小値と増減表 …………………………………… 54
|　　　本章のまとめ ……………………………………………………… 55
|　　　理解度の確認 ……………………………………………………… 56

5. 制約付き最小化問題に対する最適性の条件

|　　　5.1　制約付き最小化問題に対する最適性の1次の条件 ………… 58
|　　　談話室　Kuhn-Tucker 条件 ………………………………………… 59
|　　　談話室　ラグランジュの未定乗数法 ……………………………… 61
|　　　5.2　制約付き最小化問題に対する最適性の2次の条件 ………… 66
|　　　本章のまとめ ……………………………………………………… 68
|　　　理解度の確認 ……………………………………………………… 68

6. 双対問題

|　　　6.1　双対問題 ……………………………………………………… 70
|　　　6.2　双対問題の性質 ……………………………………………… 74
|　　　談話室　ゲーム理論と双対問題 …………………………………… 76
|　　　6.3　双対問題の活用例 …………………………………………… 81
|　　　本章のまとめ ……………………………………………………… 85
|　　　理解度の確認 ……………………………………………………… 85

7. 微分を使わない最適化手法

　　7.1　黄金分割法 ………………………………………… *88*
　　談話室　黄金分割比 …………………………………… *91*
　　7.2　単体法 ……………………………………………… *93*
　　本章のまとめ …………………………………………… *97*
　　理解度の確認 …………………………………………… *97*

8. 直線探索法と信頼領域法

　　8.1　直線探索法 ………………………………………… *100*
　　8.2　直線探索法の例 …………………………………… *104*
　　談話室　共役勾配法 …………………………………… *111*
　　8.3　信頼領域法 ………………………………………… *111*
　　本章のまとめ …………………………………………… *118*
　　理解度の確認 …………………………………………… *118*

9. 線形計画問題と単体法

　　9.1　標準形 ……………………………………………… *120*
　　9.2　実行可能集合と基底解 …………………………… *121*
　　9.3　単体法 ……………………………………………… *126*
　　談話室　線形計画問題の解法の発展 ………………… *129*
　　本章のまとめ …………………………………………… *136*
　　理解度の確認 …………………………………………… *136*

10. 分枝限定法

　　10.1　0-1 整数計画問題 ………………………………… *138*
　　10.2　分枝限定法 ………………………………………… *139*
　　談話室　メタヒューリスティクス …………………… *145*

|　本章のまとめ……………………………………………………… *149*
|　理解度の確認 …………………………………………………… *150*

11. 内点法と逐次2次計画法

|　11.1　凸2次計画問題に対する内点法 ………………………… *152*
|　談話室　非線形方程式のニュートン法 ………………………… *155*
|　11.2　逐次2次計画法……………………………………………… *157*
|　本章のまとめ……………………………………………………… *163*
|　理解度の確認 …………………………………………………… *164*

付録　数学の記号と概念　　　　　　　　　　　　　　*165*

参　考　文　献 ………………………………………………… *170*
理解度の確認；解説 …………………………………………… *171*
索　　　　引 …………………………………………………… *180*

1 数理計画法とは

　数理計画法は，社会科学，自然科学，工学などの分野で直面するさまざまな問題を数式を用いてモデル化し，そのモデルに対する最適な答えを与える手法である．この章では，数理計画法とは何かを説明する．まず，数理計画法で扱う問題がどのように数式を用いて表現（定式化）されるかを見る．その後，定式化された問題の分類方法を説明する．さらに，いくつかの身近な問題を取り上げ，それらが数理計画問題として表されることを示す．

1.1 数理計画問題

数理計画法は現実のさまざまな問題を数理計画問題と呼ばれる問題にモデル化し，それらの問題の性質を解明するとともに，その答えを求めるための計算手法を与える．この節では，まず数理計画問題の定義を行う．

さまざまな分野において，「いくつかの (しばしば無数の) 選択肢の中から，所与の目的を最大限に達成するものを見つける問題」に直面することが多い．このような問題を数式を用いて表現したものが数理計画問題である．本書で扱う数理計画問題をきちんと定義する前に，次の問題を考えてみよう．

問題 A： 辺の長さの和が 10 cm である長方形の中で，面積が最大となるものを求めよ．

まず，この問題を数式を用いて表してみよう．この「数式を用いて表す」作業を**定式化**または**モデル化**と呼ぶ．長方形の縦の長さを y [cm]，横の長さを z [cm] とする．このとき，問題 A の目的は長方形の面積 yz [cm^2] を最大化することである (**図 1.1**)．

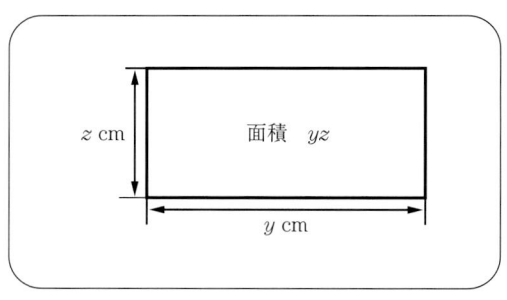

図 1.1 問 題 A

ただし，辺の長さ y と z は自由に選べるわけではない．まず，辺の長さを表す y, z は非負の実数でなければならない．つまり，$y, z \in R$ かつ $y \geqq 0, z \geqq 0$ とならなければならない[†]．さらに，辺の長さの和が 10 cm であるという条件から，$2y + 2z = 10$ を満たす必要がある．以上のことをまとめると，この問題は次のように表す (定式化する) ことができる．

[†] R は実数全体の集合を表す．よって $y, z \in R$ は y と z が実数であることを表している．

$$
\begin{aligned}
&\text{maximize} \quad yz \\
&\text{subject to} \quad y \in R, z \in R \\
&\qquad\qquad\quad 2y + 2z = 10 \\
&\qquad\qquad\quad y \geqq 0, z \geqq 0
\end{aligned}
$$

ここで，"subject to" は，「～という条件を満たす選択肢の中で」を意味している (以下ではしばしば "s.t." と省略する)．"maximize" は，「～を最大化せよ」を意味しており，以下ではしばしば "max" と省略する．このように目的を表す "maximize" (または最小化を意味する "minimize"，"min") と選択肢が満たすべき条件を与える "subject to"，"s.t." で表される問題が数理計画問題である．

それでは，本書で扱う数理計画問題の一般的な定義を与えよう．

まず，問題を解こうとしている人を**意思決定者**と呼ぶ．数理計画問題を定式化するには，意思決定者が，どのような条件の下で，何を目的として，何を決定しようとしているかを明確に数式で表す必要がある．

意思決定者が決定 (選択) できる変数を**決定変数**と呼ぶ．上に述べた問題 A の決定変数は，y と z というアルファベットを用いて表していた．しかし，一般の問題では，多くの決定変数を扱うことが多い．そのとき，各決定変数に $y, z, \ldots$ とアルファベットを振っていては，たかだか 26 個しか決定変数を扱うことができず，不都合である．そこで，変数をひとまとめにして，ベクトル x で表すほうが都合がよい．例えば，n 個の決定変数がある問題では，x は n 次元ベクトル

$$
x := \begin{pmatrix} x_1 \\ x_2 \\ \vdots \\ x_n \end{pmatrix}
$$

となる．なお数理計画法では，決定変数の数 (次元) を自然数 n で表すことが多いので，本書でも n を用いる．問題 A の決定変数は二つであるから，$x_1 = y$，$x_2 = z$ とすると，2 次元ベクトル $x \in R^2$ を決定変数とする問題と考えることができる (以下では，n 次元の実ベクトル全体の集合 (空間) を R^n で表す)．

次に，意思決定者の目的を決定変数の関数によって表現する．この関数を**目的関数**と呼ぶ．問題 A では，面積を表す関数 $yz \, (= x_1 x_2)$ が目的関数であり，この関数の値の最大化を目的にしていた．一般に，目的関数を $f(x)$ のように抽象的に表現すると便利である．問題 A の目的は，$f(x) = x_1 x_2$ と定義した関数 f の最大化と考えることができる．

次に，意思決定者が決定を行ううえで満たさなければならない条件を等式や不等式で表す．本書では，等式を表す関数には h を，不等式を表す関数には g を用いることにする．より厳密にいえば，問題の答えが満たすべき条件が m 個の等式と r 個の不等式で表されているとき，$h_i(x) = 0 \ (i = 1, \ldots, m)$，$g_j(x) \leqq 0 \ (j = 1, \ldots, r)$ と表す．問題 A では，$m = 1$，$r = 2$，$h_1(x) = 2x_1 + 2x_2 - 10$，$g_1(x) = -x_1$，$g_2(x) = -x_2$ と考えればよい．また，添字 i や j を用いて $h_i(x) = 0 \ (i = 1, \ldots, m)$ や $g_j(x) \leqq 0 \ (j = 1, \ldots, r)$ と表記すると煩雑な場合があるので，ベクトルを値としてもつ関数 (ベクトル値関数) を

$$h(x) := \begin{pmatrix} h_1(x) \\ h_2(x) \\ \vdots \\ h_m(x) \end{pmatrix}, \ g(x) := \begin{pmatrix} g_1(x) \\ g_2(x) \\ \vdots \\ g_r(x) \end{pmatrix}$$

と定義し，関数 h と g を用いて，等式と不等式の条件を

$$h(x) = 0, \ g(x) \leqq 0$$

と表すこともある．なおこれらの式の右辺はベクトルの 0 である．そして，"$=$" と "$\leqq$" は，右辺と左辺の対応する各成分に対して "$=$" と "$\leqq$" が成り立つことを意味する．条件を表す関数 h と g を**制約関数**と呼ぶ．

以上の説明をまとめると，数理計画問題とは

- R^n の部分集合 X
- 集合 X 上で定義された目的関数 f
- 集合 X 上で定義された制約関数 $h_i \ (i = 1, \ldots, m)$
- 集合 X 上で定義された制約関数 $g_j \ (j = 1, \ldots, r)$

を用いて，次のように定式化される問題ということができる．

$$\begin{aligned} &\min(\text{or max}) \quad f(x) \\ &\text{s.t.} \quad\quad\quad\quad x \in X \\ &\quad\quad\quad\quad\quad\ \ h(x) = 0 \\ &\quad\quad\quad\quad\quad\ \ g(x) \leqq 0 \end{aligned} \tag{1.1}$$

ここで，X は扱う数理計画問題が考えている "世界" を表している．問題 A では，$X = R^2$ である．また，$x \in X$ を用いて，等式や不等式で表すことが難しい条件を表すこともある．例えば，「x_1 は自然数である」という条件は，等式や不等式で表すことは難しい．そこで，自然数全体の集合を N として $x_1 \in N$ と表すと都合がよい．なお，本書では $X = R^n$ のときは，しばしば $x \in X$ を省略する．

これまでに見てきたように，数理計画問題とは，与えられた条件を満たしつつ，ある目的を最小，または最大にする"答え"を求める問題である．そのような答えを**最適解**または単に**解**と呼ぶ．特に，最大化問題の最適解を**最大解**，最小化問題の最適解を**最小解**と呼ぶ．最適解が満たすべき条件を**制約条件**または単に**制約**と呼ぶ．制約の中でも特に，$h(x) = 0$ を**等式制約**，$g(x) \leq 0$ を**不等式制約**と呼ぶ．さらに，制約条件を満たす点 (ベクトル) x 全体の集合を $\mathcal{F} = \{x \in X \mid h(x) = 0, g(x) \leq 0\}$ と表し[†1]，問題の**実行可能集合**または**実行可能領域**と呼ぶ．また実行可能集合に含まれる点 $x \in \mathcal{F}$ を**実行可能解**と呼ぶ[†2]．すなわち，実行可能解とは，意思決定者の"選択肢"に相当するものといえる．問題が実行可能解をもつとき，その問題は**実行可能である**といい，そうでないとき**実行不可能である**という．

これまでは，"最大化"または"最小化"と，2 種類の問題があるような書き方をしてきたが，これからは，特に断わらないかぎり"最小化"のみを扱うことにする．目的関数 f を最大化する問題は，目的関数 $-f$ を最小化する問題と同じであるから，このようにしても問題はない．実際，問題 A は同じ制約条件の下で $f(x) = -x_1 x_2$ を最小化する問題と考えれば

$$X = R^2, \ f(x) = -x_1 x_2, \ h_1(x) = 2x_1 + 2x_2 - 10, \ g_1(x) = -x_1, \ g_2(x) = -x_2$$

によって定義される数理計画問題となる．結局，数理計画問題は「ある制約条件の下で目的関数を最小化する問題」ということができる．そのため，数理計画問題を**最適化問題**，あるいは**最小化問題**などと呼ぶこともある．

1.2 数理計画問題の分類

数理計画問題には多種多様な問題があり，それぞれの問題によって，適用できる理論や問題解決手法 (アルゴリズム) が異なる．そのため，数理計画問題を，その目的関数や実行可能集合の性質に基づいて分類すると都合がよい．この分類は，後の章で紹介する「最適性の理論」や「最適化の手法」を適用するときに重要な役割を果たす．

実行可能集合 $\mathcal{F}$ が全空間 R^n であるような数理計画問題を**制約なし最小化問題**という．

[†1] 記号 { | } は集合を表し，左側にはその集合の要素を，右側にその要素が満たすべき条件が記述される．
例えば，正の偶数全体の集合は，N を自然数の集合とすると，$\{x \in N \mid x = 2y, y \in N\}$ と表せる．
[†2] 許容解と呼ぶこともある．

[制約なし最小化問題]
   min $f(x)$
   s.t. $x \in R^n$

一方，問題 (1.1) のように制約条件をもつ問題を**制約付き最小化問題**と呼ぶ．制約付き最小化問題の中でも，特に等式制約のみの問題を**等式制約問題**，不等式制約のみの問題を**不等式制約問題**と呼ぶ．一般に，制約なし最小化問題のほうが制約付き最小化問題よりも簡単である．また，等式制約問題と不等式制約問題を比較した場合，一般には等式制約問題のほうが取り扱いやすいことが多いが，等式制約を表す関数 h が非線形である場合は，必ずしもそうとはかぎらない．これは，そのような等式制約最小化問題は，後で紹介する凸計画問題にならないからである．

目的関数 f と制約関数 h, g が 1 次関数[†1]である数理計画問題を**線形計画問題**と呼び，それ以外の問題を**非線形計画問題**という．線形計画問題は，n 次元ベクトル c, $m \times n$ 行列 A, m 次元ベクトル b を用いて，次のように定式化できる[†2]．

[線形計画問題]
   min $c^T x$
   s.t. $Ax = b$
         $x \geq 0$

ここで，T は転置を表す．$c = (c_1, c_2, \ldots, c_n)^T$ とすれば，$c^T x = \sum_{j=1}^{n} c_j x_j$ である．また，行列 A の (i, j) 成分を a_{ij} とし，$b = (b_1, b_2, \ldots, b_m)^T$ とすれば，制約 $Ax = b$ は m 個の等式制約条件 $\sum_{j=1}^{n} a_{ij} x_j = b_i$ $(i = 1, \ldots, m)$ を表している．線形計画問題に対しては，単体法，内点法などの効率的な解法が開発されており，大規模な問題を解くことができる．線形計画問題の性質や単体法と内点法については 9 章と 11 章で説明する．

一方，制約条件は線形計画問題と同様であるが，目的関数が $n \times n$ 対称行列 $Q = (q_{ij})$ と n 次元ベクトル $p = (p_1, \ldots, p_n)^T$ を用いて $f(x) = \frac{1}{2} x^T Q x + p^T x = \frac{1}{2} \sum_{i=1}^{n} \sum_{j=1}^{n} q_{ij} x_i x_j + \sum_{j=1}^{n} p_j x_j$ で表される問題を **2 次計画問題**と呼ぶ．

[†1] 任意のベクトル $x, y \in R^n$ とスカラー $\alpha \in R$ に対して $f(x+y) = f(x) + f(y)$, $f(\alpha x) = \alpha f(x)$ が成り立つ関数 $f: R^n \to R$ を線形関数という．線形関数に定数項を加えた関数を 1 次関数と呼ぶ．

[†2] 制約条件が例えば $Ax \leq b, x \geq 0$ のように不等式制約を含む場合には，新しい変数 y を用いて $Ax + y = b, x \geq 0, y \geq 0$ と書き換えることができる．このようにしても問題は実質的に変化しないので，ここでは，簡単のため，制約条件を等式制約 $Ax = b$ と変数の非負条件 $x \geq 0$ のみで表現している．

[**2 次計画問題**]
$$\min \quad \frac{1}{2}x^T Q x + p^T x$$
$$\text{s.t.} \quad A x = b$$
$$\quad x \geqq 0$$

特に，Q が半正定値行列[†1]であるような 2 次計画問題に対しては，線形計画問題に対する内点法を拡張した方法が開発されており，かなり大規模な問題を解くことができる．

一般に，実行可能集合 $\mathcal{F}$ が凸集合，特に等式制約関数 h_i が 1 次関数，不等式制約関数 g_j が凸関数であり，目的関数 f が $\mathcal{F}$ 上で凸関数であるような問題を**凸計画問題**と呼ぶ．ここで，集合 S が凸集合であるとは

$$x, y \in S \implies \alpha x + (1-\alpha) y \in S \quad \forall \alpha \in [0,1]$$

が成り立つことをいい，関数 f が凸集合 $Y \subseteq R^n$ 上で凸関数であるとは

$$f(\alpha x + (1-\alpha) y) \leqq \alpha f(x) + (1-\alpha) f(y) \quad \forall x, y \in Y, \forall \alpha \in [0,1]$$

が成り立つことをいう (図 **1.2**)[†2]．また，特に断わらないときは，$Y = R^n$ とする．

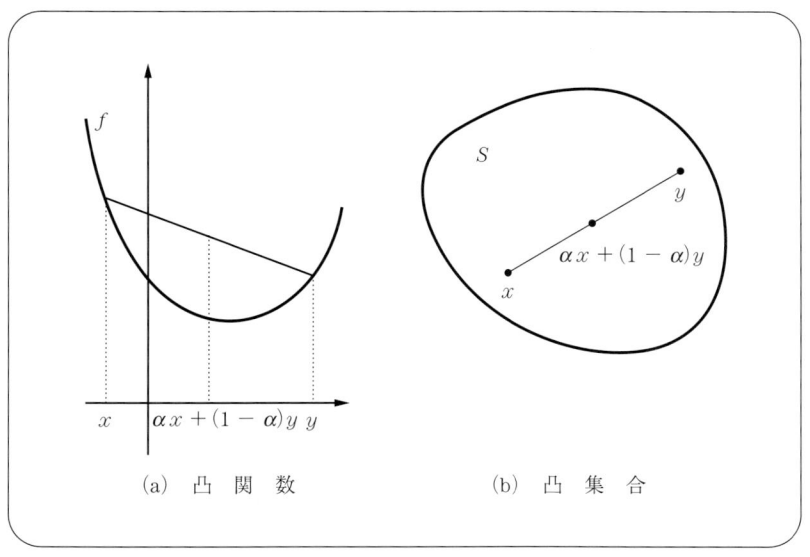

(a) 凸 関 数 　　　　(b) 凸 集 合

図 **1.2**　凸関数と凸集合

[†1] すべての $x \in R^n$ に対して $x^T Q x \geqq 0$ を満たす行列 Q を半正定値行列と呼ぶ．数理計画法において，行列の半正定値性は非常に重要な概念である．
[†2] 凸集合とはその集合内の任意の 2 点を結ぶ線分を常に含むような集合であり，凸関数とはそのグラフ上の任意の 2 点を結ぶ線分が常にグラフの上部にある (重なってもよい) ような関数である．

次章以降で説明するように，凸計画問題は理論的に好ましい性質をもっている．なお，線形計画問題や Q が半正定値行列であるような 2 次計画問題は代表的な凸計画問題である．

線形計画問題，凸 2 次計画問題，凸計画問題では，一般に決定変数の値を実数の部分集合から連続的に定めることができる．このような数理計画問題を**連続最適化問題**と呼ぶ．これに対して，決定変数の値を離散的な集合 (例えば整数の集合) から選ばなければならないような数理計画問題を**離散最適化問題**あるいは**組合せ最適化問題**と呼ぶ．例えば，$X = \{0,1\}^n$ のときには[†]決定変数 x の各成分 x_i が 0 か 1 の値をとる組合せ最適化問題となる．組合せ最適化問題では，一般に実行可能解の数は有限個であるから，すべての実行可能解をしらみつぶしに調べることによって，最適解を得ることができる．しかし，例えば実行可能集合が $\mathcal{F} = \{0,1\}^n$ のとき，実行可能解の数は 2^n となり，決定変数の次元 n が非常に大きいときにはすべての実行可能解を調べることは実際上不可能である．そのため，多くの組合せ最適化問題は，凸計画問題よりも難しい問題と考えられている．

1.3 数理計画問題の例

数理計画問題は，社会科学，工学などさまざまな分野で応用されている．日常生活の中でも，意識するしないは別にして，しばしば数理計画問題に出会っている．例えば，限られた小遣いの有意義な使い方を決める問題も数理計画問題としてモデル化できる．また，政府が限られた税収の中から，国民の最大幸福を目指して配分する予算編成の問題も数理計画問題としてモデル化できる．この節では，いくつかの具体的な問題を見ることによって，数理計画問題のイメージをつかんでみよう．

〔1〕 **コーヒーブレンド問題** Y 君のサークルは，学園祭で喫茶店を開くことにしている．Y 君の実家はコーヒー屋で，実家からブルーマウンテンを 1 000 g，モカを 2 000 g，キリマンジェロを 3 000 g もらうことができたので，コーヒー通の Z さんが考えた 4 種類のブレンドコーヒーを売ることにした．各ブレンドのカップ 1 杯当りに必要な豆の量と販売価格は**表 1.1** のとおりである．ここで，各ブレンドコーヒーの生成量を，A は x_1 杯，B は x_2 杯，C は x_3 杯，D は x_4 杯とする．つくったコーヒーはすべて売れるものとして，喫茶店の売上げを最大にする x_1, x_2, x_3, x_4 を求めよう．なお，決定変数は整数値をとる必要があるが，そ

---

† $\{0,1\}^n = \{(x_1, \ldots, x_n) \mid x_i = 0$ または $1 \ (i = 1, \ldots, n)\}$

表 1.1　各ブレンド 1 杯当りに必要な豆の量と販売価格

ブレンド	A	B	C	D
ブルーマウンテン〔g〕	10	5	0	0
モカ〔g〕	0	3	8	2
キリマンジェロ〔g〕	0	2	2	8
販売価格〔円〕	200	150	100	100

うすると組合せ最適化問題となり，問題を解くことが難しくなるので，実数値をとることを許すことにする．実際上，このようにしても結果にそれほど大きな影響を与えることはない（「談話室」参照）．

まず，売上げは $200x_1 + 150x_2 + 100x_3 + 100x_4$ 円となる．生成量は負の値をとらないので，$x_1, x_2, x_3, x_4 \geqq 0$ でなければならない．さらに，おのおのの豆の量は限られているので，ブルーマウンテンに対しては $10x_1 + 5x_2 \leqq 1\,000$，モカに対しては $3x_2 + 8x_3 + 2x_4 \leqq 2\,000$，キリマンジェロに対しては $2x_2 + 2x_3 + 8x_4 \leqq 3\,000$ を満たさなければならない．これらのことをまとめると，売上げを最大にする問題は以下のように定式化できる．

$$
\begin{aligned}
\max \quad & 200x_1 + 150x_2 + 100x_3 + 100x_4 \\
\text{s.t.} \quad & x_1, x_2, x_3, x_4 \geqq 0 \\
& 10x_1 + 5x_2 \leqq 1\,000 \\
& 3x_2 + 8x_3 + 2x_4 \leqq 2\,000 \\
& 2x_2 + 2x_3 + 8x_4 \leqq 3\,000
\end{aligned}
$$

この問題は線形計画問題である．

〔2〕 **ポートフォリオ最適化**　いま，A さんは 1 億円の資金を所持しており，その資金を株式で運用することによって，資金を増やしたいと考えている．投資する株式としては，T 電力，M 電器，S 銀行，O ランドの 4 銘柄を考えている．ここで，それらの株の 1 年後の収益率[†]を，T 電力は R_1，M 電器は R_2，S 銀行は R_3，O ランドは R_4 とする．現時点で 1 年後の株価を正確に知ることはできないので，$R_i\ (i=1,\ldots,4)$ は確率変数と考えるのが適当である．A さんは，適当な方法によって，$R_i\ (i=1,\ldots,4)$ の期待値 $r_i = E(R_i)$ を推定できるとする．ここで E は確率変数の期待値を表す．r_i を銘柄 i の期待収益率と呼ぶ．このとき，意思決定者である A さんはどのように 1 億円を配分して投資したらよいだろうか？ 儲けることだけ考えるのであれば，最も期待収益率が高い会社の株に 1 億円を全額投資すればよい．しかし，株には予測に反して価格が下がるというリスクがある．そこで，なるべくリスクは小さくしたいと考えるのが人情である．もし今年の夏が暑い夏になれば，T 電力の業績は上

[†] 収益率とは元手からの増加率であり，現在の株価が s_0，1 年後の株価が s_1 のとき収益率は $(s_1 - s_0)/s_0$ となる．

がるだろう．一方，遊園地は客足がにぶり，O ランドは減益になるだろう．もちろん，涼しい夏になるとこの逆になる．このとき，どちらかの株だけを買うと大儲けできる可能性もあるが，大損する可能性もある．一方，両方の株を同数だけ買えば，その投資に対する期待収益率は T 電力と O ランドの期待収益率の平均となる．それだけでなく，損をする可能性 (リスク) が減少する．リスクを減らしつつ，収益を上げる資産配分 (ポートフォリオ[†1]) を求めることが，金融工学の大きな目的の一つである．金融工学において，リスクを計る指標の一つにポートフォリオの分散がある．それでは，ある程度以上の期待収益率を保証しつつ，リスクを最小化する問題を数理計画問題として定式化してみよう．現在考えている銘柄の数は四つであるから，それぞれの銘柄に配分する資産の割合を x_i $(i = 1, 2, 3, 4)$ とする．そのとき

$$x_i \geq 0 \quad (i = 1, 2, 3, 4), \qquad \sum_{i=1}^{4} x_i = 1$$

という条件が成り立たなければならない．この $x = (x_1, x_2, x_3, x_4)^T$ を用いれば，ポートフォリオの期待収益率は $\sum_{i=1}^{4} r_i x_i$ と表される．また，これらの銘柄の収益率の分散共分散行列が $V = (v_{ij})$ で表されるとき[†2]，ポートフォリオの分散は $\sum_{i=1}^{4} \sum_{j=1}^{4} v_{ij} x_i x_j$ で表される．ポートフォリオの分散は，期待に反して株価が乱高下するリスクと考えることができる．そこで，期待収益率を 2% 以上となるようにしつつ，リスク (分散) を最小にするには，次の問題を解けばよいことになる．

$$\begin{aligned} \min \quad & \sum_{i=1}^{4} \sum_{j=1}^{4} v_{ij} x_i x_j \\ \text{s.t.} \quad & x \geq 0, \ \sum_{i=1}^{4} x_i = 1, \ \sum_{i=1}^{4} r_i x_i \geq 0.02 \end{aligned}$$

これは 2 次計画問題である．さらに分散共分散行列は半正定値になることが知られているので，この問題は凸 2 次計画問題である．この問題ではポートフォリオを配分比率 $x = (x_1, x_2, x_3, x_4)^T$ によって表しているため，A さんの所持金である 1 億円という数字は定式化に現れないことに注意しよう．

〔3〕 **ポストの配置問題** 郵便ポストが一つもない村があったとしよう．この村には 7 軒の家があり，それぞれの住所が 2 次元座標 $a^i = (a_1^i, a_2^i)^T$ $(i = 1, 2, \ldots, 7)$ で与えられているとする (図 **1.3**)．

意思決定者である郵便局は，ポストを設置する基準として，次の二つを考えている．

(a) すべての家からの距離の和が最小になる位置 (村人全体の歩く距離の最小化)

[†1] ポートフォリオとは投資家が保有している金融資産の集合体のことをいう．
[†2] $v_{ij} = E\{(R_i - r_i)(R_j - r_j)\}$

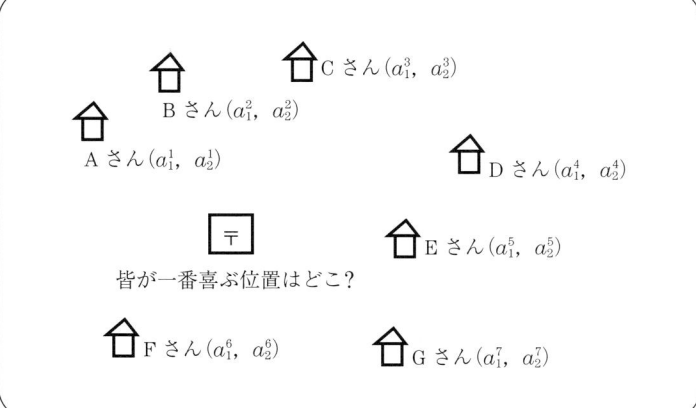

図 1.3 ポストの配置問題

(b) ポストから最も遠くなる家との距離が最小となる位置

いま，2 点 $y = (y_1, y_2)^T$ と $z = (z_1, z_2)^T$ の距離を $|y_1 - z_1| + |y_2 - z_2|$ で表すとする[†]．基準 (a) では，すべての家からの距離の和の最小化問題となるので，ポストの位置 (座標) を $x = (x_1, x_2)^T$ とすれば，目的関数は $\sum_{i=1}^{7}(|x_1 - a_1^i| + |x_2 - a_2^i|)$ となる．一方，基準 (b) の目的関数は，ポストから最も遠くなる家との距離，つまり，$\max_{1 \leq i \leq 7}\{|x_1 - a_1^i| + |x_2 - a_2^i|\}$ となる．これらの最小化問題に共通する制約として，ポストが設置できる場所の集合 $X = \{x \mid Ax \leq b\}$ が与えられているとする．ただし，A と b は適当な大きさの行列とベクトルである．このとき，この問題は，基準 (a) に対しては

$$\begin{aligned}\min \quad & \sum_{i=1}^{7}\left(|x_1 - a_1^i| + |x_2 - a_2^i|\right) \\ \text{s.t.} \quad & x \in X\end{aligned} \quad (1.2)$$

となり，基準 (b) に対しては

$$\begin{aligned}\min \quad & \max_{1 \leq i \leq 7}\{|x_1 - a_1^i| + |x_2 - a_2^i|\}\} \\ \text{s.t.} \quad & x \in X\end{aligned} \quad (1.3)$$

と定式化できる．

さらに，新しい変数を導入すると，問題 (1.2) は

[†] このような距離をマンハッタン距離と呼ぶ．碁盤目状に整備された道路を移動するときの総移動距離はマンハッタン距離となる．

$$
\begin{aligned}
\min \quad & \sum_{i=1}^{7}(t_{1,i}+t_{2,i}) \\
\text{s.t.} \quad & x \in X \\
& -t_{1,i} \leq x_1 - a_1^i \leq t_{1,i} \quad (i=1,\ldots,7) \\
& -t_{2,i} \leq x_2 - a_2^i \leq t_{2,i} \quad (i=1,\ldots,7)
\end{aligned}
\tag{1.4}
$$

問題 (1.3) は

$$
\begin{aligned}
\min \quad & s \\
\text{s.t.} \quad & x \in X \\
& -t_{1,i} \leq x_1 - a_1^i \leq t_{1,i} \quad (i=1,\ldots,7) \\
& -t_{2,i} \leq x_2 - a_2^i \leq t_{2,i} \quad (i=1,\ldots,7) \\
& t_{1,i} + t_{2,i} \leq s \quad (i=1,\ldots,7)
\end{aligned}
\tag{1.5}
$$

と表すこともできる†.問題 (1.4) の決定変数は $x \in R^2$ と $t_{1,1},\ldots t_{1,7}, t_{2,1},\ldots,t_{2,7} \in R$ であり,問題 (1.4) の決定変数は $x \in R^2$ と $s, t_{1,1},\ldots t_{1,7}, t_{2,1},\ldots,t_{2,7} \in R$ である.これらの問題は,目的関数と制約関数が 1 次関数であるから,線形計画問題である.

〔4〕 **最小二乗問題** ある実験を行ったとき,m 個の因子データと結果データのペア (x^i, y^i) $(i=1,2,\ldots,m)$ が得られたとする(因子データ x^i は n 次元ベクトル,結果データ y^i は実数とする).このデータから,因子と結果の関係を調べたい.因子データと結果データに線形な関係があると仮定すると

$$
a^T x + b = y \tag{1.6}
$$

という関係式が成り立つ(ここで $a \in R^n$, $b \in R$ である).しかし,実際の実験では測定誤差があるため,この関係式は常に成り立つとはかぎらない.このようなときに,測定データ (x^i, y^i) $(i=1,2,\ldots,m)$ から a,b を推定する代表的な手法が最小二乗法である.

最小二乗法では,各データペア (x^i, y^i) に対する関係式 (1.6) の誤差を $e^i := |a^T x^i + b - y^i|$ と定義し(図 **1.4**),それらの 2 乗の和 $\sum_{i=1}^{m}(e^i)^2$ を最小化する問題

$$
\min \quad \sum_{i=1}^{m}(a^T x^i + b - y^i)^2 \tag{1.7}
$$

を解くことによって a,b を求める.この問題は $a \in R^n$ と $b \in R$ を決定変数とする制約なしの凸 2 次計画問題である.

---

† $|x|$ を最小化することは制約条件 $-t \leq x \leq t$ の下で t を最小化することと等価であり,$\max\{y_1, y_2, \ldots, y_m\}$ を最小化することは制約条件 $y_i \leq s$ $(i=1,\ldots,m)$ の下で s を最小化することと等価である.

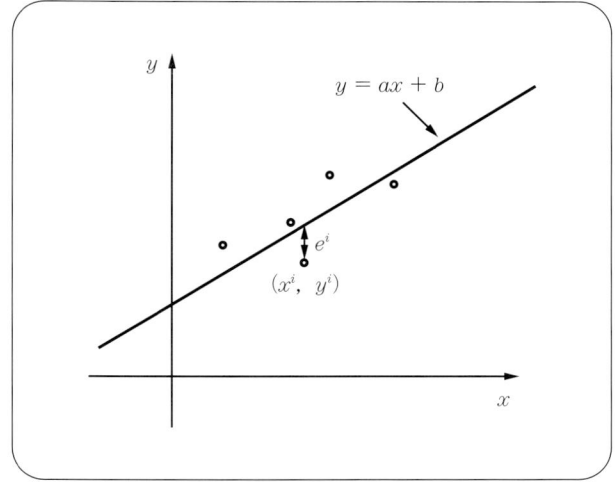

図 1.4 最小二乗法：$n = 1$ のとき

[5] **データマイニング**　データマイニングとは，ばく大なデータの中から，意味のある「規則」を見つける手法であり，マーケティングや医療診断，企業の倒産予測などさまざまな分野で使われている．ここでは，二つのクラス (例えば，ある病気の人とそうでない人) のどちらかに属する多数のサンプル (患者) とそのデータ (血圧, 体重, …) が与えられているとき，そのサンプルを二つのクラスに分類する 1 次関数 (規則) を求めることを考える．そのような規則が求まれば，どちらのクラスに入っているかがわからない新しいサンプル (患者) が来たときに，そのサンプルのデータ (血圧, 体重, …) を規則に当てはめることによって，そのサンプルがどちらのクラスに入るか (病気かそうでないか) を推定することができる．

いま，l 個のサンプルが与えられているとし，二つのクラスを $+1$ と -1 で表す．おのおののサンプルは，データを表す n 次元ベクトル $z^i \in R^n$ $(i = 1, \ldots, l)$ とそれが属するクラス $a_i \in \{+1, -1\}$ の組からなる．このとき，次の条件を満たす関数 $f : R^n \to R$ を観測データの識別関数と呼ぶ．

$$a_i = +1 \text{ のとき } f(z^i) > 0 \tag{1.8}$$

$$a_i = -1 \text{ のとき } f(z^i) < 0 \tag{1.9}$$

なお，$f(x) = 0$ を満たす点 x の集合は二つのクラスの境界面をなす (データが 2 次元のときは境界線)．識別関数を求めることができれば，どちらのクラスに属するのかわからないデータ x が新たに入力されたとき，$f(x)$ の正負によりそれが二つのクラスのどちらに所属するかを類推することができる．以下では，線形な識別関数を構成する方法を考えよう．まず，正

14　　1. 数理計画法とは

$(a_i = +1)$ のサンプルと負 $(a_i = -1)$ のサンプルを分離する超平面が存在するとする[†1]．一般に超平面を表す方程式は，n 次元ベクトル $w \neq 0$ と実数 b を用いて

$$w^T z + b = 0$$

で与えられる．ここで w は超平面に垂直なベクトルである．また，原点から超平面までの距離は $|b|/\|w\|$ で与えられる．ただし $\|w\| = \sqrt{w_1{}^2 + \cdots + w_n{}^2}$ である．

一般に，サンプル集合の二つのクラスが超平面によって分離できるとき，そのような超平面，すなわち分離超平面は無数に存在する[†2]．そこで，それらの分離超平面の中からどのような超平面を選べばよいかの基準が必要となる．超平面から最も近い正 (負) のクラスに所属するサンプルのデータまでの最短距離を d_+ (d_-) とし，$d_+ + d_-$ を超平面のマージンと呼ぶことにする (図 **1.5**)．データに多少の誤差が存在する場合でも，それらを二つのクラスに分離する超平面の中で最もマージンが大きいものが，分離超平面として最も信頼できると考えられる．マージンが最大となる超平面を求める (つまり w と b を求める) 問題は，以下のように 2 次計画問題として定式化できる．

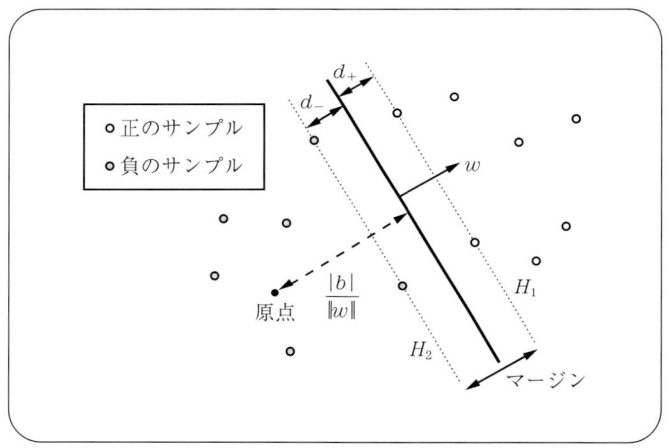

図 **1.5**　線形分離可能な場合の分離超平面

まず，超平面 $w^T z + b = 0$ が分離超平面となり，識別関数を与えるためには，すべての観測データ z^i に対して，w と b がつぎの制約条件を満たさなければならない．

[†1] 超平面とは，いま考えている空間が 1 次元のときは点，2 次元のときは直線，3 次元のときは平面となる集合を，多次元に拡張したものである．1 次元の空間 (直線) は点で，2 次元の空間 (平面) は直線で，3 次元の空間は平面で二つの領域に分離できる．このように，多次元空間は超平面で二つの領域に分離できる．ここでは，n 次元のデータ空間を正のサンプルが入る領域と負のサンプルが入る領域に分離する超平面を求めることを目的にしている．

[†2] 超平面によって完全に分離できるサンプル集合は線形分離可能であるという．

$$a_i = +1 \quad \text{のとき} \quad w^T z^i + b \geqq +1 \tag{1.10}$$

$$a_i = -1 \quad \text{のとき} \quad w^T z^i + b \leqq -1 \tag{1.11}$$

識別関数の定義 (1.8), (1.9) では不等号 $>$ と $<$ を用いていたが，式 (1.10), (1.11) のような等号付きの不等式を考え，右辺をそれぞれ $+1, -1$ とおいても構わないことがいえる[†]．

さらに，これらの不等式 (1.10), (1.11) は次のように表現することができる．

$$a_i(w^T z^i + b) - 1 \geqq 0 \quad (i = 1, \ldots, l) \tag{1.12}$$

ここで，不等式 (1.12) において等号が成り立つ点 z^i は次の超平面上 H_1, H_2 のどちらかにあることに注意しよう．

$H_1: \quad w^T z + b = +1 \quad$ 原点からの距離 $|1-b|/\|w\|$

$H_2: \quad w^T z + b = -1 \quad$ 原点からの距離 $|1+b|/\|w\|$

このとき，$d_+ = d_- = 1/\|w\|$ であり，マージンは $2/\|w\|$ であることがわかる．マージン $2/\|w\|$ の最大化は $\|w\|$ あるいは $\|w\|^2$ を最小化することに等しいので，制約 (1.12) の下で $\|w\|^2$ が最小となるような w と b を求めることによって，最大マージンをもつ分離超平面を求めることができる．

これらのことをまとめると，識別関数を求める問題は次の2次計画問題に定式化できる．

min $\|w\|^2$
s.t. $a_i(w^T z^i + b) - 1 \geqq 0 \quad (i = 1, \ldots, l)$

ただし，変数は $w \in R^n$ と $b \in R$ であり，$\{(z^i, a_i)\}$ は与えられたサンプルデータである．この定式化では，正のデータと負のデータが超平面によって完全に分離できることが前提となっていた．データが分離不可能な場合，上の2次計画問題は実行不可能となるので，制約条件をゆるめる必要がある．そのために，非負の人為変数 ξ_i $(i=1,\ldots,l)$ を導入し，制約条件を次のように変更する．

$$a_i(w^T z^i + b) - 1 + \xi_i \geqq 0, \quad \xi_i \geqq 0 \quad (i = 1, \ldots, l)$$

ここで，$\xi_i = 0$ であれば，元の制約が維持されていることを意味し，$\xi_i > 0$ であれば元の制約がその大きさの分だけ満たされないことを意味している (**図 1.6**)．よって，できるだけ ξ_i は小さいほうがよい．このことを考慮して，目的関数を次のように変更する．

[†] 超平面を表す方程式 $w^T z + b = 0$ において，w と b を任意の同じ正定数を掛けたもので置き換えても超平面そのものは変わらないという事実による．

16　　1. 数理計画法とは

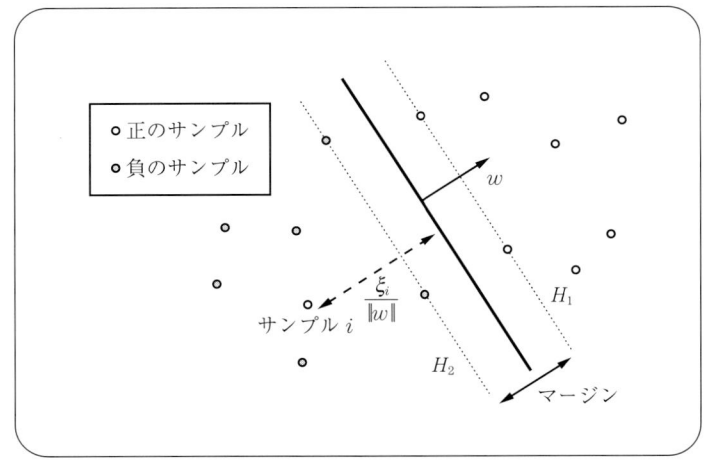

図 1.6　線形分離ができない場合の分離超平面

$$\|w\|^2 + C \sum_{i=1}^{l} \xi_i$$

ここで，C は元の問題の制約をどの程度ゆるめることを許すかを調整する正のパラメータである．C が大きいほど，制約をより多く満たすような解を求めることになる．

このような2次計画問題を解くことによって，データマイニングを行う手法をサポートベクターマシンと呼ぶ[†1]．

〔6〕 **最小固有値問題**[†2]　　さまざまな工学分野ではしばしば行列の最大固有値や最小固有値を調べることが重要となる．特に，制御や建築などの分野では，システムや構造物の安定性を調べるうえで，固有値の計算は不可欠である．ここでは，$n \times n$ 対称行列 A の最小固有値を求める問題を考えよう．対称行列の固有値はすべて実数であることに注意する．$\mu \in R$ をパラメータ，I を単位行列とし，行列 $A - \mu I$ を考える．このとき，A の固有値を $\mu_i \ (i=1,\ldots,n)$ とすれば，$A - \mu I$ の固有値は $\mu_i - \mu \ (i=1,\ldots,n)$ となる．そこで

$$\mu_i - \mu \geqq 0 \qquad (i=1,\ldots,n) \tag{1.13}$$

という条件の下で，μ を最大化（$-\mu$ を最小化）すると，μ の最大値は A の最小固有値 $\min\{\mu_1,\ldots,\mu_n\}$ に一致する．この定式化では，A の固有値がすべてわかっていることが前提となっていたが，そうでないときには条件 (1.13) を次の等価な条件に書き換える．

$$\text{行列 } X := A - \mu I \text{ は半正定値}$$

[†1] マージンが最大となる分離超平面が得られたとき，不等式 (1.12) において等号が成り立つ点 z^i を **サポートベクター** と呼ぶ．

[†2] 固有値，正定値行列などの定義については 2.1 節または付録を参照のこと．

この等価性は，半正定値対称行列の固有値はすべて非負であるという性質による．こうすることによって，A の最小固有値を求める問題は

$$\begin{aligned}
\min \quad & -\mu \\
\text{s.t.} \quad & X = A - \mu I \\
& X \text{ は半正定値行列}
\end{aligned}$$

と表すことができる．ここで，「X は半正定値行列」という制約は一見難しそうに見えるが，実は半正定値行列全体の集合は凸集合となり[†]，この問題は凸計画問題となることが知られている．

ところで，与えられた行列の最小固有値を求めるだけであれば，よく知られた数値計算手法である QR 法などのほうが実用性が高く，このように数理計画問題として定式化して解くことには意味がないように思えるかもしれない．しかしながら，この問題は，制約条件や目的関数に変更を加えることによって，現実のさまざまな問題に応用することができる．例えば，あるシステム (構造物) の安定性が $A(x)$ の固有値が 0 以上であるという条件で表されるとしよう．ここで，$A(x)$ は，例えば $A(x) = \sum_{i=1}^{m} x_i A_i$ のように，x を変数 (設計変数) とし，行列を値とする関数である (ただし $A_1, \ldots, A_m$ は与えられた対称行列)．そして，設計の目的が，システムの安定性を保証したうえで，ある凸関数 $f(x)$ を最小化することであるとする．そのとき，この問題はベクトル x，スカラー μ，行列 X を変数とする凸計画問題

$$\begin{aligned}
\min \quad & f(x) \\
\text{s.t.} \quad & X = A(x) - \mu I \\
& X \text{ は半正定値行列}
\end{aligned}$$

となる．このように行列の半正定値条件を含む数理計画問題は半正定値計画問題と呼ばれ，さまざまな工学的応用をもつことが知られている．

〔**7**〕**ナップサック問題**　いま，B さんはバーゲン会場に来ている．このバーゲン会場で売られている商品の値段と，B さんがどれくらいそれを欲しいかを表す満足度が**表 1.2** のように与えられている．

表 1.2 ナップサック問題の例

商品	財布	靴	ズボン	スカート	シャツ	鞄
満足度	10	20	15	17	10	30
値段	5 千円	1 万円	8 千円	9 千円	5 千円	4 万円

[†] 任意の $n \times n$ 半正定値行列 X, Y と $\alpha \in [0,1]$ に対して，$v^T(\alpha X + (1-\alpha) Y)v = \alpha v^T X v + (1-\alpha) v^T Y v \geq 0, \forall v \in R^n$ が成り立つ．よって，半正定値行列の集合は凸集合となる．

18　　1. 数理計画法とは

Bさんの所持金が5万円であるとき，その所持金内で，満足度の合計が最大となるように買い物をするにはどうすればよいだろうか？ただし，各商品はたかだか一つしか買わないものとする．

この問題を数理計画問題に定式化するために，まず，財布は 1，靴は 2，ズボンは 3，．．．というように，商品に番号を付ける．その番号に対応して，各商品を買ったときの満足度を $c_1, c_2, \ldots$ とする．例えば，財布の番号は 1 なので，財布の満足度は $c_1 = 10$ となる．同様にそれらの商品の価格を $a_1, a_2, \ldots$ と表すことにする．さらに商品は全部で n 種類あるとする．この例では $n = 6$ である．さて，この問題の決定変数はなんであろうか？この問題では，おのおのの商品を買うか買わないかを決めなければならないので，商品 i を買うときには 1，買わないときには 0 となるような決定変数 x_i を考える．つまり，$x_i = 1$ は商品 i を買い，$x_i = 0$ は商品 i を買わないことを意味している．これらの変数を用いれば，ある買い物 (の仕方) はベクトル $x = (x_1, x_2, \ldots, x_n)^T$ で表され，その買い物をしたときに得られる満足度の合計は $\sum_{i=1}^{n} c_i x_i$ で与えられる．さらに，その買い物にかかる費用は $\sum_{i=1}^{n} a_i x_i$ であり，予算が 5 万円であったので，制約条件は $\sum_{i=1}^{n} a_i x_i \leq 50\,000$ となる．結局，この予算制約の下で，満足度が最大となるように買い物をする問題は次のように定式化できる．

$$\min \quad \sum_{i=1}^{n} c_i x_i$$
$$\text{s.t.} \quad \sum_{i=1}^{n} a_i x_i \leq 50\,000$$
$$x_i \text{ は } 0 \text{ または } 1 \; (i = 1, \ldots, n)$$

このような問題は，一般にナップサック問題†と呼ばれている．この問題の決定変数は，値が 0 または 1 という離散的な変数であることに注意しよう．したがって，この問題は組合せ最適化問題の一つである．なお，本書では主として，決定変数が連続的な値をとるような数理計画問題を取り扱う．

☕ 談 話 室 ☕

よい定式化とは　　本書の主な目的は，意思決定者によって定式化された数理計画問題の性質や解法を説明することである．しかし，定式化された数理計画問題が現実の問題とかけ離れていれば，どんなによい解法を用いて解いたとしても，得られた解はよいものとはいえない．一方，現実問題を正確に定式化することに固執すると，実際に解く

---

† 多くの所持品の中から，満足度の合計が最大となるようにナップサックに詰めるものを選ぶ問題．上記の問題の「買う買わない」が「詰める詰めない」に，「予算制約」が「ナップサックの容量制約」に，「商品の値段」が「所持品の大きさ (重さ)」に対応している．

ことができない複雑な問題になってしまうことがある．このことから，現実の問題の本質を失わず，なおかつ取り扱いやすい問題にいかにして定式化するかということは，非常に重要なテーマである．本書では，そのような定式化手法の詳しい説明は行わないが，取り扱いやすい問題 (例えば凸計画問題) がどのような性質をもつか，またその解法にはどのようなものがあるかについて重点をおいて説明する．読者が実際に直面する現実問題を定式化する場合，それらのことを考慮してほしい．

例えば，数理計画問題の例で挙げたコーヒーブレンド問題では，実際のコーヒーの販売は 1 杯 (100 cc)，2 杯 (200 cc) という自然数でしかできないので，線形計画問題を解いて得た解が端数を含めばそれを厳密には実現できない．しかし，問題の解が 123.78 杯であれば，実際には 123 杯あるいは 124 杯販売したとしても，解のよさはほとんど変わらない．したがって，本来は離散的な問題であっても，それを解く代わりに，より簡単な線形計画問題を解いても実用上はまったく問題はない．

本章のまとめ

❶ **モデル化，定式化**　解きたい問題を数式を用いて表現すること．

❷ **決定変数**　問題の中で意思決定者が決めることができる変数．

❸ **目的関数**　問題の目的を数値で表した関数．

❹ **制約条件**　決定変数が満たすべき条件．一般には，不等式や等式によって与えられる．それらの制約条件によって表される領域を実行可能集合という．

❺ **数理計画問題**　与えられた制約条件の下で目的関数が最大または最小となるような決定変数の値を求める問題．

❻ **線形計画問題**　目的関数と制約条件がともに 1 次関数で表される数理計画問題．

❼ **2 次計画問題**　目的関数が 2 次関数で制約条件が 1 次関数で表される数理計画問題．

❽ **凸計画問題**　目的関数が凸関数で，実行可能集合が凸集合，特に等式制約が 1 次関数，不等式制約が凸関数で表される数理計画問題．

❾ **組合せ最適化問題**　決定変数の空間 X が離散集合で表される数理計画問題．

20　　1. 数理計画法とは

――――●理解度の確認●――――

問 1.1 次の数理計画問題に対して，式 (1.1) において対応する関数 f, h, g と集合 X を記述せよ．

$$\begin{aligned}
\min \quad & x_1 + 3x_2^2 - 2x_3 \\
\text{s.t.} \quad & 3x_1 + x_2 = 3 \\
& x_2 + x_3 = 4 \\
& x_1 - x_2 \leqq 5 \\
& x_3 \geqq 1
\end{aligned}$$

問 1.2 半径 r の円に内接する面積最大の三角形を求める問題を数理計画問題として定式化せよ．

問 1.3 1.3 節で紹介したポートフォリオ選択問題において，リスク (分散) を 0.1 以下に保ったうえで，期待収益率を最大化する問題を数理計画問題として定式化せよ．

問 1.4 $n \times n$ 対称行列 A が与えられたとき，A の最大固有値を求める問題を数理計画問題として定式化せよ．

2 数理計画法の基礎概念

　この章では，数理計画法を学ぶうえで重要となるさまざまな概念を説明する．また，数理計画問題を解く手法の計算効率を評価するための基準を紹介する．

2.1 数学の準備

数理計画法を学ぶうえで,基礎的な線形代数と解析学(特に微分)は必要不可欠である.特に,数理計画法では多次元 (n 次元) の決定変数を扱うため,ベクトル・行列の演算や多変数の関数に対する微分の知識が必要である.基礎的事項は付録に掲載しているが,ここでは,本書を読み進めるうえで特に重要となる概念をまとめる.

〔1〕 勾配とヘッセ行列 微分可能な関数 $f: R^n \to R$ に対して,n 次元ベクトル

$$\nabla f(x) = f'(x)^T = \begin{pmatrix} \dfrac{\partial f(x)}{\partial x_1} \\ \vdots \\ \dfrac{\partial f(x)}{\partial x_n} \end{pmatrix}$$

を f の x における**勾配**と呼ぶ.さらに,f が 2 回連続的微分可能であるとき,$n \times n$ 行列

$$\nabla^2 f(x) = f''(x) = \left(\dfrac{\partial^2 f(x)}{\partial x_i \partial x_j} \right)$$

を f の x における**ヘッセ行列**と呼ぶ.なお,ヘッセ行列は対称行列となる.また,ベクトル値関数 $F: R^n \to R^m$ に対して,F の成分関数 F_i の勾配ベクトルを横に並べた $n \times m$ 行列

$$\nabla F(x) = (\nabla F_1(x) \cdots \nabla F_m(x))$$

を転置ヤコビ行列と呼び,$m \times n$ 行列 $F'(x) = \nabla F(x)^T$ をヤコビ行列という.

例 2.1 1 次関数 $f(x) = c^T x$ の勾配は

$$\nabla f(x) = \begin{pmatrix} \dfrac{\partial f(x)}{\partial x_1} \\ \vdots \\ \dfrac{\partial f(x)}{\partial x_n} \end{pmatrix} = \begin{pmatrix} c_1 \\ \vdots \\ c_n \end{pmatrix} = c$$

となる.

例 2.2 2 次関数 $f(x) = x^T Q x$ の勾配は $\nabla f(x) = (Q^T + Q)x$ となり,ヘッセ行列 $\nabla^2 f(x)$ は定数行列 $Q^T + Q$ となる.特に,Q が対称行列であれば $\nabla^2 f(x) = 2Q$ となる.

2.1 数学の準備

〔2〕 特定の変数を固定した勾配とヘッセ行列 関数 $p: R^{n+m} \to R$, つまり $x \in R^n, y \in R^m$ を変数とする実数値関数 $p(x,y)$ を考える. このとき, 変数 y を固定したうえで変数 x に関して微分して得られる勾配 (n 次元ベクトル) を $\nabla_x f(x,y)$ と表し, 変数 x に関して 2 回微分して得られるヘッセ行列 ($n \times n$ 行列) を $\nabla_x^2 f(x,y)$ と表す. 例えば, 適当なベクトル c と行列 P, Q を用いて定義される関数 $f(x,y) = c^T x + x^T Q x + y^T P x$ の変数 x に関する勾配 $\nabla_x f(x,y)$ は $c + (Q^T + Q)x + P^T y$ となり, 変数 x に関するヘッセ行列 $\nabla_x^2 f(x,y)$ は $Q^T + Q$ となる.

〔3〕 合成関数の微分 関数 $p: R^n \to R^m$ と $q: R^m \to R^l$ はともに微分可能とする. このとき, p と q の合成関数 $r(y) := q(p(y))$ も微分可能で, その転置ヤコビ行列は

$$\nabla r(y) = \nabla p(y) \nabla q(p(y)) \tag{2.1}$$

となる. 本書では, 合成関数の微分に関連して, 以下の事実をしばしば用いる. f を R^n から R への関数, $x, d \in R^n$, $t \in R$ とする. さらに, 関数 $g: R \to R$ を $g(t) := f(x + td)$ と定義する. このとき, g の勾配 (微分) は, $p(t) := x + td$, $q(z) := f(z)$, $g(t) = q(p(t))$ と考えることによって, 式 (2.1) より

$$\nabla g(t) = g'(t) = d^T \nabla f(x + td) \tag{2.2}$$

となる.

〔4〕 テイラー展開 関数 $F: R^n \to R^m$ が点 x において微分可能であるとき, x に十分近い点 x' に対して

$$F(x') = F(x) + \nabla F(x)^T (x' - x) + o(\|x' - x\|)$$

が成り立つ. ただし, $o(\cdot)$ は付録で定義したスモールオー記号である. この式の右辺を F の点 x のまわりでの 1 次の**テイラー展開**と呼ぶ. x' が x に十分近いとき, 右辺の $o(\|x' - x\|)$ は非常に小さくなるので, $F(x')$ と $F(x) + \nabla F(x)^T (x' - x)$ は近似的に等しくなる. そのため, $F(x) + \nabla F(x)^T (x' - x)$ を関数 F の (点 x のまわりでの) **1 次近似**と呼ぶ. 2 回微分可能関数 $f: R^n \to R$ に対して, 点 x のまわりでの 2 次のテイラー展開は次のように表される.

$$f(x') = f(x) + \nabla f(x)^T (x' - x) + \frac{1}{2}(x' - x)^T \nabla^2 f(x)(x' - x) + o(\|x' - x\|^2)$$

x' が x に十分近いとき, $f(x) + \nabla f(x)^T (x' - x) + (x' - x)^T \nabla^2 f(x)(x' - x)/2$ は $f(x')$ のよい近似になっている. これを f の (点 x のまわりでの) **2 次近似**と呼ぶ. x' が x に十分近いときには, 2 次近似のほうが 1 次近似よりも, 元の関数に対する近似の精度がよくなる.

〔5〕 **半正定値行列と正定値行列** A を $n \times n$ 行列とする．任意の $v \in R^n$ に対して

$$v^T A v \geqq 0$$

が成り立つとき，A を**半正定値行列**という．さらに，$v \neq 0$ である任意の $v \in R^n$ に対して

$$v^T A v > 0$$

が成り立つとき，A を**正定値行列**という．

対称行列 A が半正定値行列であれば固有値はすべて非負となり，正定値行列であれば固有値はすべて正となる．また，A が正定値行列であれば，A^T，A^{-1} も正定値行列である．これらのことより，A が正定値行列であれば，任意の v に対して

$$v^T A v \geqq \lambda \|v\|^2 \tag{2.3}$$

となる正の定数 λ が存在することがわかる．実際，$v^T A v = v^T (A + A^T) v / 2$ であり，$A + A^T$ は正定値対称行列であるので，その固有値はすべて正である．よって，λ を $(A + A^T)/2$ の最小固有値とすれば，不等式 (2.3) が成り立つ．

〔6〕 **等高線** 数理計画法では，一般に決定変数が n 次元ベクトルであるような問題を扱う．しかし，4 次元以上の図を描くことは不可能であるから，本書では，数理計画問題のイメージがつかめるよう $n = 1$ または $n = 2$ の場合の図を描くことが多い．また，1 次元では状況が単純化され過ぎる場合があるので，できるだけ 2 次元以上の図を用いる．しかし，2 変数の場合でも，変数 $x = (x_1, x_2)^T$ と目的関数値 $f(x)$ を表示するためには，3 次元のグラフを描く必要があるので，関数値の等高線を用いて 2 次元の図で表すことが多い．これは，地図が東西南北の座標の上に，山や谷の高さを等高線で表すことによって，立体的形状を平面的に表現しているのと同じである．**図 2.1** は，ある関数 $f : R^2 \to R$ の等高線を表している（ただし $c_1 > c_2 > c_3 > c_4$）．

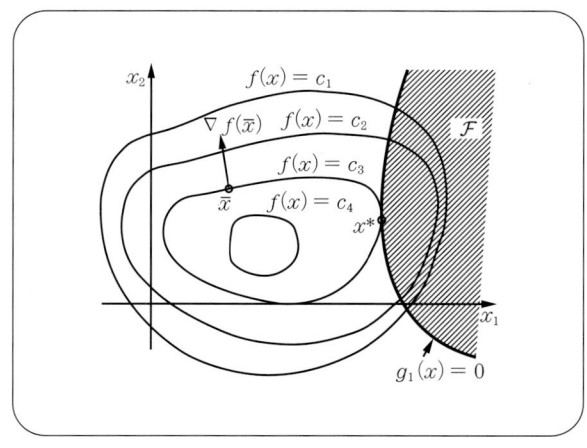

図 **2.1** 関数 f の等高線

最小化問題を考えているときには，特に断わらないかぎり，等高線で囲われた領域の内側が外側より関数の値が小さいものとする．すなわち，そのような図で表される制約なし最小化問題では，等高線の中心点を見つけることが目的となる．

また，数理計画法では $\nabla f(x)$ や $\nabla g_i(x)$ のような関数の勾配を用いて議論をすることが多い．勾配ベクトルと関数の等高線にはつぎのような関係がある．例えば，図 2.1 において，点 $\bar{x}$ から出ているベクトルは勾配 $\nabla f(\bar{x})$ を表している．このように，勾配 $\nabla f(x)$ は関数の等高線と接する直線 (2 次元の場合) と直交し，関数が最も大きく増加する方向を表す．

同様に，制約条件 $g_i(x) \leq 0$ や $h_j(x) = 0$ も，この図の上に表すことができる．例えば，図 2.1 において斜線を施した領域 $\mathcal{F}$ は不等式制約条件 $g_1(x) \leq 0$ を満たす点 x の集合を表している．よって，この図では，x^* が制約条件 $g_1(x) \leq 0$ の下で目的関数 f を最小にする点であり，最小値は $f(x^*) = c_3$ であることがわかる．

2.2 問題に関する事柄

数理計画法には重要な概念が数多くある．この節では，特に数理計画問題に関連するいくつかの概念を紹介し，次章以降の準備とする．

実行可能集合 $\mathcal{F}$ において目的関数 f を最小化する数理計画問題を考える．不等式

$$f(x^*) \leq f(x) \quad \forall x \in \mathcal{F}$$

を満たす点 $x^* \in \mathcal{F}$ を，この問題の**大域的最小解**と呼ぶ (図 2.2)．つまり，大域的最小解とは，すべての実行可能解の中で最も小さい目的関数値をもつ実行可能解のことである．大域的最小解の目的関数値 $f(x^*)$ を**大域的最小値**と呼ぶ．数理計画法においては，大域的最小解を求めることが大きな目的の一つである．しかしながら，実際に計算によって大域的最小解を求めることは一般に難しい．なぜならば，ある点が大域的最小解であるかどうかを知るためには，すべての実行可能解の情報を知る必要があるからである．実行可能解の数が有限であるような組合せ最適化問題を除いて，一般の数理計画問題においては，すべての実行可能解を調べることは不可能である．そこで，大域的最小解の代わりに，次に定義する局所的最小解を考える．

実行可能解 $\hat{x} \in \mathcal{F}$ に対して，次の条件を満たす正の定数 ε が存在するとき $\hat{x}$ を**局所的最小**

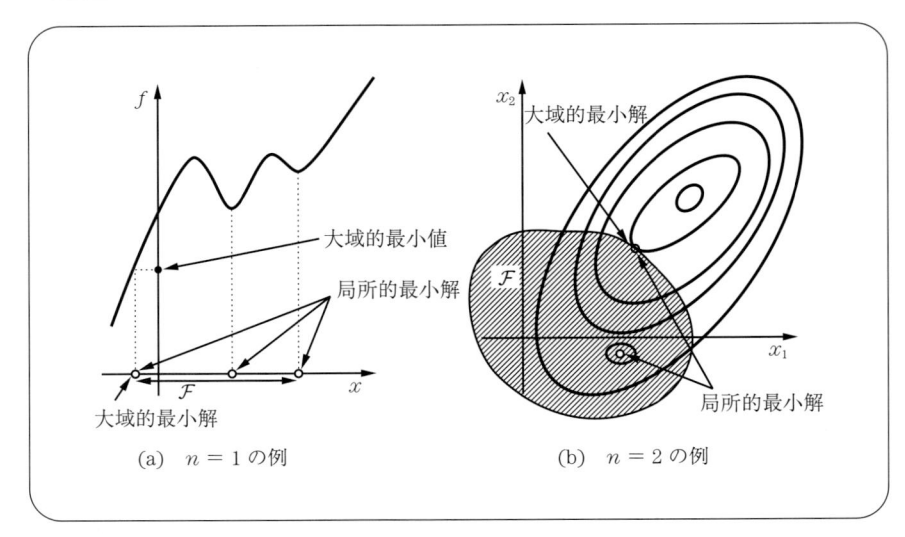

図 2.2　大域的最小解と局所的最小解

解と呼ぶ (図 2.2 参照).

$$f(\hat{x}) \leq f(x) \quad \forall x \in B(\hat{x}, \varepsilon) \cap \mathcal{F}, x \neq \hat{x} \tag{2.4}$$

ここで，$B(\hat{x}, \varepsilon)$ は $\hat{x}$ を中心とする半径 ε の開球 $B(\hat{x}, \varepsilon) := \{x \in R^n \mid \|x - \hat{x}\| < \varepsilon\}$ である．不等式 (2.4) が狭義に (すなわち $f(\hat{x}) < f(x)$ として) 成り立つとき，$\hat{x}$ を**狭義の局所的最小解**と呼ぶ．明らかに，大域的最小解であれば局所的最小解となるが，逆は必ずしも成り立たない．

実際には，ある点 x が局所的最小解であるかどうかの判別も容易ではない．なぜならば，局所的最小解の定義 (2.4) に基づいて判別しようとすれば，その周辺の無数の点の関数値を調べる必要があるからである．そこで，ある一つの点から得られる情報 (関数の勾配やヘッセ行列) を用いて，その点が局所的あるいは大域的最小解かどうか判別できる条件があれば便利である．そのような条件は**最適性の条件**と呼ばれている．4 章と 5 章で示すように，目的関数 f および制約条件を表す関数 g, h がある適当な性質をもつとき，最適性の条件を満たす点が問題の大域的最小解となる．そのため，現実の問題を数理計画問題に定式化する際に，f, g, h がそのような好ましい性質をもつよう工夫できれば好都合である．また，数理計画問題の解法の多くは最適性の条件を満たす点を求めるように設計されている．したがって，モデルの適切な定式化やアルゴリズムの正しい選択をするためには，最適性の条件を理解することが重要である．

数理計画問題の中には実用的な時間内で解を求めることができないものがある．また，コンピュータを用いた計算には誤差が伴うため，厳密な最適解を求めることは難しい．そのようなときは，最適解に近い点，すなわち**近似解**を求めることで満足せざるを得ない．

これまでの議論では，問題に解が存在することを前提にしていた．しかし，問題によっては，解が存在しない場合もある．次の四つの問題を見てみよう．

P1：min x 　　　　　P2：min x 　　　　　P3：min x 　　　　　P4：min e^{-x}
　　s.t. $x \leqq -1, x \geqq 0$　　s.t. $x \leqq -1$　　　　s.t. $x > 0$　　　　s.t. $x \geqq 0$

問題 P1 には実行可能解が存在しないため，最適解も存在しない．問題 P2 には実行可能解が存在するが，$x \to -\infty$ とすることによって，目的関数の値をいくらでも小さくできるので，明らかに大域的最小解は存在しない．問題 P3, P4 では，実行可能集合上で目的関数の値をいくらでも小さくできるわけではないが，どちらの問題も大域的最小値を与える解 x^* をもたない．

以上より，数理計画問題に解が存在しないのは次の三つの場合である．

- 実行可能解が存在しない．
- 実行可能集合上で目的関数値をいくらでも小さくできる (有界でない)．
- すべての実行可能解 $x \in \mathcal{F}$ に対して $f(x) \geqq M$ となるような実数 M (下界値という) が存在するが，そのような下界値 M の最大値 M^* に対して[†]，$f(x^*) = M^*$ を満たす x^* は存在しない．

次に，数理計画問題に対する双対問題を紹介しよう (詳細は 6 章で説明する)．次の問題を考える．

$$\begin{aligned}
&\min \quad f(x) \\
&\text{s.t.} \quad x \in X \\
&\phantom{\text{s.t.}} \quad h(x) = 0 \\
&\phantom{\text{s.t.}} \quad g(x) \leqq 0
\end{aligned}$$

ただし，$f : R^n \to R$, $h : R^n \to R^m$, $g : R^n \to R^r$, $X \subseteq R^n$ である．次式で定義される関数 $L : R^{n+m+r} \to R$ をこの数理計画問題に対する**ラグランジュ関数**と呼ぶ．

$$L(x, \lambda, \mu) := f(x) + h(x)^T \lambda + g(x)^T \mu$$

ここで，$\lambda \in R^m$, $\mu \in R^r$ は**ラグランジュ乗数**と呼ばれる変数である．6 章で説明するように，上の数理計画問題は

$$\begin{aligned}
&\min \max_{\lambda \in R^m, \mu \geqq 0} L(x, \lambda, \mu) \\
&\text{s.t.} \quad x \in X
\end{aligned}$$

[†] 集合 $\mathcal{F}$ 上での関数 f の最大下界値を $M^* = \inf\{f(x) \mid x \in \mathcal{F}\}$ と書く．実行可能解が存在しないときは $M^* = +\infty$ とし，有界でないときは $M^* = -\infty$ とする．

と書き換えることができる†.これは,ラグランジュ関数を,まず x を固定したうえで λ, μ に関して最大化し,次に x に関して最小化する問題である.これに対して,ラグランジュ関数を,まず λ, μ を固定したうえで x に関して最小化し,次に λ, μ に関して最大化する問題

$$\max \quad \min_{x \in X} L(x, \lambda, \mu)$$
$$\text{s.t.} \quad \lambda \in R^m, \ \mu \geqq 0$$

を**双対問題**と呼ぶ.双対問題の制約条件は一般に元の問題に比べて単純であるため,双対問題のほうが扱いやすくなる場合がある.また,双対問題の実行可能解における目的関数の値は,必ず元の問題の実行可能解における目的関数値以下になるという性質をもつ (6 章 弱双対定理).さらに,凸計画問題においては,あるゆるい仮定の下で,元の問題の最小値と双対問題の最大値は一致することが知られている (6 章 強双対定理).

2.3 解法に関する事柄

問題の解を求める計算手続きを**解法**または**アルゴリズム**と呼ぶ.この節では,数理計画問題の解法の性質を調べるうえで重要となるいくつかの概念を解説する.

これまで実用化されている解法の多くは,ある一定の計算手順を繰り返すことにより最適解 x^* に収束する点列を順次生成する手法である.このような手法を**反復法**と呼ぶ.反復法によって生成される点を $x^0, x^1, \cdots$ とし,それらをまとめた点列を $\{x^k\}$ と表すことにする.反復法において一番初めに選ぶ点 x^0 を特に**初期点**と呼ぶ.多くの反復法では,現在の点 x^k が与えられたとき,次の点 x^{k+1} を求めるために,まず x^k から最適解に近づくと想定される方向 (ベクトル) を決める.その方向を**探索方向**と呼び,d^k と書く.一般に,探索方向を求めるために**部分問題**と呼ばれる問題を解く.k 回目の反復で解かれる部分問題を P^k と表す.もちろん,部分問題 P^k は元の数理計画問題より簡単である必要がある.

---

† ラグランジュ関数の定義より,x が $h(x) = 0$, $g(x) \leq 0$ を満たすとき,$\max\limits_{\lambda \in R^m, \mu \geq 0} L(x, \lambda, \mu)$ の値は $f(x)$ に等しく,満たさないときは $+\infty$ となることから従う.

談話室

反復法の部分問題　反復法の各反復では，次の点を求めるために，現在の点 x^k において得られる情報に基づいて構成される部分問題 P^k を解く必要がある．部分問題 P^k が元の問題のよい近似であれば，次の反復点 x^{k+1} は最適解に近づくことが期待できる．しかしながら，部分問題が元の問題とあまり違わなければ，それを解く手間は元の問題とほとんど変わらなくなる．解法を構築するうえで重要となるのは，いかに元の問題を近似し，なおかつ容易に解を求めることができる部分問題を構成するかである．実際によく用いられる部分問題には，線形方程式や凸 2 次計画問題がある．特に，線形方程式の解法に関する知識は数理計画法の解法を構築するうえで必要不可欠である．LU 分解，(修正) コレスキー分解，共役勾配法など基本的な方法は理解しておきたい．

探索方向 d^k が得られたら，次に現在の点 x^k よりもよい点 (近似解) を見つけるために探索方向に沿って進む大きさを調節することを考える．その調節に用いるパラメータを**ステップ幅**と呼び，t_k と表す．探索方向 d^k とステップ幅 t_k が求まれば，次の反復点 x^{k+1} は

$$x^{k+1} := x^k + t_k d^k$$

で与えられる (図 **2.3**)．

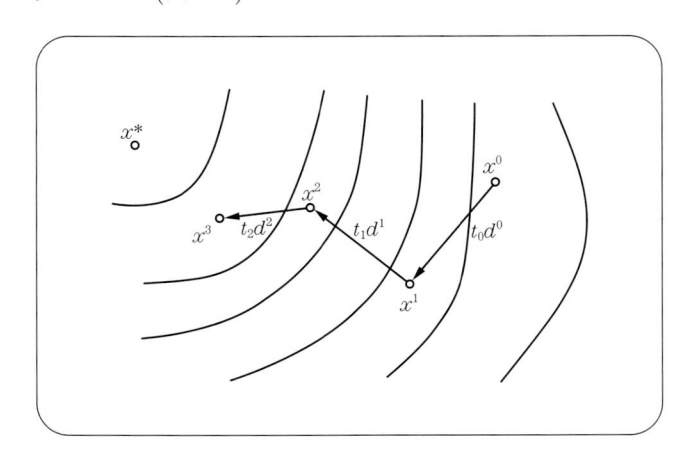

図 2.3　反復法における探索方向とステップ幅

どのような初期点 x^0 から始めても，反復法で生成される点列 $\{x^k\}$ が，何らかの "解" に収束するとき，その反復法は**大域的収束**するという．大域的収束の "大域的" は「初期点を大域的に選べる」という意味であり，「大域的最小解が求まる」という意味ではない．また，問題や解法によって，"解" は，大域的最小解であったり，局所的最小解であったり，最適性の

条件を満たす点であったりする．一方，初期点を解の十分近くに選んだとき，生成される点列が解に収束することが保証されているような反復法は**局所的収束**するという．

☕ 談 話 室 ☕

大域的収束 「反復法が大域的収束する」というとき，次の三つの場合が考えられる．
(a) 点列 $\{x^k\}$ が一つの点に収束し，その極限が解である．
(b) 点列 $\{x^k\}$ が有界で，その任意の集積点が解となる．
(c) 点列 $\{x^k\}$ が集積点をもつならば，その任意の集積点は解となる．

点 x^* が点列 $\{x^k\}$ の集積点であるとは，$\{x^k\}$ が x^* に収束する無限部分列を含むことである．点列 $\{x^k\}$ は有界であれば必ず集積点をもつので，(b) の意味で大域的収束するアルゴリズムであれば，解を得るという目的は達成することができる．一方，(c) の意味での大域的収束では，点列が発散し解が得られない場合もある．数理計画問題に適用するアルゴリズムの大域的収束性を比較する際，どの意味で「大域的収束する」といっているかに注意する必要がある．

次に反復法の効率性に関連する事柄を説明する．有限回の反復で最適解を得ることができる解法を**有限反復の解法**と呼ぶ．有限反復の解法の中でも，解を得るために必要な計算量が問題の大きさを表すパラメータ (n, m, r など) の多項式関数で表されるような解法を**多項式時間の解法**と呼ぶ (ここで"計算量"とは足し算や掛け算などの基本演算の回数をいう)．例えば，常に mn^4 回以内の演算で最適解を得ることができる解法は多項式時間の解法である．線形計画問題，凸2次計画問題，ある種の組合せ最適化問題に対しては，多項式時間の解法が提案されている．一方，最悪の場合には問題の大きさを表すパラメータの指数 (例えば 2^n) に比例した計算量を必要とする解法を**指数時間の解法**と呼ぶ．指数時間の解法では，問題の規模が大きくなれば，解を得るのに要する計算時間が爆発的に増加する．

目的関数 f や制約関数 g, h が非線形であるような数理計画問題では，一般に有限回の演算で厳密な最適解を求めることはできない．そのような場合には，次に定義する**収束率**を用いて解法の性能を評価する．解 $x^* \in R^n$ に収束する点列 $\{x^k\}$ に対して，次の条件を満たす正の定数 p と C および正整数 K が存在するとき，点列 $\{x^k\}$ は **p 次収束**するという．

$$\frac{\|x^{k+1} - x^*\|}{\|x^k - x^*\|^p} < C \quad \forall k > K$$

特に，$p=1$ かつ $C<1$ のとき **1 次収束**という．また，次式を満たす 0 に収束する正の数列 $\{c_k\}$ が存在するとき，点列 $\{x^k\}$ は**超 1 次収束**するという．

$$\|x^{k+1} - x^*\| \leq c_k \|x^k - x^*\| \tag{2.5}$$

$p > 1$ のとき，p 次収束する点列 $\{x^k\}$ は，$c_k = \|x^k - x^*\|^{p-1}$ とすれば $c_k \to 0$ かつ式 (2.5) を満たすことから，超 1 次収束する．

ここで，例として次の数列 $\{y^k\}$ と $\{z^k\}$ を考えてみよう．

$$y^k = (0.5)^k \quad (k = 0, 1, 2, \ldots)$$
$$z^0 = 1, \quad z^k = 0.9(z^{k-1})^2 \quad (k = 1, 2, \ldots)$$

点列 $\{y^k\}$ は 0 に 1 次収束し，$\{z^k\}$ は 0 に 2 次収束する．表 2.1 より，2 次収束は 1 次収束に比べて格段に速いことがわかる．

表 2.1　1 次収束と 2 次収束

k	y^k	z^k
0	1	1
1	0.5	0.9
2	0.25	0.729
3	0.125	0.478
4	0.0625	0.0382
5	0.0313	1.31×10^{-3}
6	0.0156	1.54×10^{-6}
7	0.0078	2.14×10^{-12}
⋮	⋮	⋮

反復法において無限回反復すれば最適解に収束することが数学的に証明されていても，現実には無限回反復することはできないので，よい近似解が求まった段階で反復を終了しなければならない．そのために用いられる条件を**終了条件**と呼ぶ．終了条件では，「最適性の条件を"ほとんど"満たしている」かどうかを判定することが多い．

数理計画法においては，解くべき問題の性質に応じて適切な解法を選択する必要がある．ここで，代表的な解法をいくつか紹介しておこう．制約なし最小化問題に対しては，目的関数値しか計算することができない場合は，**直接探索法** (7 章) を使うとよい．目的関数の勾配を計算することができれば，**最急降下法**や**準ニュートン法**を使うことができる (8 章)．中でも準ニュートン法は大域的収束性をもち，なおかつ超 1 次収束するというよい性質をもっている．目的関数の 2 回微分 (ヘッセ行列) まで計算できるときは，**ニュートン法**を適用することができる (8 章)．ニュートン法は 2 次収束するというよい性質をもっているが，解法に工夫を加えないかぎり，一般に大域的収束性をもたない．また，次元 n が大きい問題には，**共役勾配法**が適している (8 章の談話室)．

線形計画問題の解法としては，**単体法** (9 章) と**内点法** (11 章) がある．一般に，小〜中規模の問題には単体法が，中〜大規模な問題には内点法がよいとされている．内点法は凸 2 次

計画問題や半正定値計画問題などの凸計画問題に対しても拡張されており，それらの問題を効率よく解くことができる．凸ではない一般の非線形計画問題には，準ニュートン法を制約付き最小化問題に拡張した**逐次 2 次計画法** (11 章) がよく用いられている．

組合せ最適化問題に対しては，それぞれの問題固有の性質を考慮した解法が開発されている．多項式時間の解法が知られていない問題では，その厳密解を求めるために**分枝限定法** (10 章) を用いることが多い．分枝限定法は，実行可能解を効率よくしらみつぶしに調べる手法であるが，問題によっては非常に時間がかかることがある．そのようなときは，厳密な最適解を求めることを諦め，短時間で実用的な近似解を求めることができる**メタヒューリスティックス**と呼ばれる手法を使うとよい．

最後に，本書で用いる解法の記述法を説明する．一般に，反復法は次のように記述される．

反復法

ステップ 0：（初期設定）　　初期点 x^0 を適当に選ぶ．$k := 0$ とする．

ステップ 1：（終了判定）　　x^k が終了条件を満たしていれば計算を終了する．

ステップ 2：（探索方向の計算）　　部分問題を解いて，探索方向 d^k を求める．

ステップ 3：（ステップ幅の計算）　　ステップ幅 t_k を求める．

ステップ 4：（更新）　　$x^{k+1} := x^k + t_k d^k$ とする．$k := k+1$ として，ステップ 1 へ．

ここでステップとは，解法で実行される基本機能の単位であり，その記述に従ってステップ 0 から実行される．ステップ 4 に含まれる「ステップ 1 へ」のような特別な指定がないかぎり，ステップ 0 → ステップ 1 → ステップ 2 → $\cdots$ という順番で，終了条件を満たすまで実行される．終了条件をいつまでたっても満たすことができず，解法が無限回実行されることを防ぐために，実際の計算では最大の反復回数 K を決めておき，反復回数 k が K を超えたら，解法は失敗したと見なして終了する．

本章のまとめ

❶ **大域的最小解**　　実行可能集合の中で目的関数の値が最も小さくなる点．

❷ **局所的最小解**　　実行可能集合のある (小さな) 部分集合上で目的関数の値が最も小さくなる点．

❸ **最適性の条件**　　ある点が局所的最小解となるかどうかを，その点の関数値や微分 (勾配, ヘッセ行列) を用いて表した条件．

❹ **双対問題**　　与えられた問題から導かれるもう一つの問題．二つの問題の間には密接な関係がある．

❺ **解法**　　問題を解くための計算手続き．アルゴリズム．

❻ **反復法**　ある一定の計算手順を繰り返すことにより，問題の解に収束する点列を生成する手法．

❼ **初期点**　反復法で最初に出発点として選ぶ点．

❽ **終了条件**　解に十分近づいたかどうかを判定して反復を終了させるための条件．

❾ **大域的収束**　どのような初期点を選んでも問題の何らかの解に収束するという性質．

❿ **収束率**　反復法が解に収束する速さを表す指標．1次収束，超1次収束，2次収束などがある．

●**理解度の確認**●

問 2.1　$f(x) = x^T Q x$ の勾配が $(Q^T + Q)x$，ヘッセ行列が $Q^T + Q$ となることを示せ．

問 2.2　次の関数 $f : R^2 \to R$ を点 $x^0 = (0,0)^T$ のまわりで2次近似した関数を求めよ．

$$f(x) = e^{-x_1 - x_2}$$

問 2.3　次の2次計画問題の目的関数の等高線と実行可能集合を図示せよ．さらに，点 $x = (0,0)^T$ における目的関数の勾配を図示せよ．

$$\begin{aligned} \min \quad & \frac{1}{2}x_1^2 + x_2^2 + 2x_1 + x_2 \\ \text{s.t.} \quad & x \geq 0, \ x_1 + x_2 \leq 3 \end{aligned}$$

問 2.4　パラメータ a, b を含む次の問題を考える．

$$\begin{aligned} \min \quad & ax \\ \text{s.t.} \quad & e^{-x} \leq b \end{aligned}$$

この問題に解が存在するために a, b が満たすべき条件を求めよ．

問 2.5　次の文章の空欄 (1)〜(5) に当てはまる言葉を下記の A〜O から選べ．

- 実行可能集合 $\mathcal{F}$ 上で目的関数 f を最小化する問題において，$f(x^*) \leq f(x) \ \forall x \in \mathcal{F}$ を満たす点 $x^* \in \mathcal{F}$ を 　(1)　 という．
- ベクトル $c \in R^n$, $b \in R^m$ と行列 $A \in R^{m \times n}$ が与えられたとき，$Ax = b, x \geq 0$ を満たす x の中で $c^T x$ が最小となる点 x を見つける問題を 　(2)　 という．
- 解 x^* に収束する点列 $\{x^k\}$ を $x^{k+1} = x^k + t_k d^k$ として生成する手法は 　(3)　 の一つであり，ベクトル d^k を 　(4)　 という．

34   2. 数理計画法の基礎概念

- どのような初期点 x^0 から始めても，点列 $\{x^k\}$ が何らかの解に収束するとき，そのアルゴリズムは __(5)__ するという．

    A. 1次収束   B. 超1次収束   C. 2次収束   D. 組合せ最適化問題
    E. 線形計画問題 F. 局所的最小解 G. 大域的最小解 H. 大域的収束
    I. 局所的収束   J. 最適性の条件 K. ステップ幅   L. 探索方向
    M. 収束率   N. 黄金分割法   O. 反復法

問 2.6 $f(x) = e^x - x$（ただし $x \in R$）とする．このとき，初期点を $x^0 = 1$ とするニュートン法の反復 $x^{k+1} = x^k - (\nabla^2 f(x^k))^{-1} \nabla f(x^k)$ によって生成される点列 $\{x^k\}$ を実際に計算し，それが $x^* = 0$ に2次収束することを確かめよ．

3 凸計画問題

　凸計画問題は，線形計画問題，凸2次計画問題などを含み，幅広い応用をもつ問題である．さらに，理論的によい性質をもち，内点法を用いて，効率よく大域的最小解を得ることができる．この章では，どのような問題が凸計画問題になるかを説明する．

3.1 凸計画問題とは

凸計画問題は理論上も応用上も重要な問題である．この節では凸計画問題の基本的な性質を述べる．

凸計画問題とは，実行可能集合 $\mathcal{F}$ が凸集合で，目的関数 f が $\mathcal{F}$ 上で凸関数であるような数理計画問題

$$\begin{aligned} \min \quad & f(x) \\ \text{s.t.} \quad & x \in \mathcal{F} \end{aligned}$$

である．凸計画問題に対しては，次のことが知られている．

(A) 線形計画問題，凸 2 次計画問題，半正定値計画問題など多くの重要な問題を含む．

(B) 局所的最小解は大域的最小解となる．

(C) 最適性の条件を満たす点は大域的最小解となる．

(D) 双対問題は，特殊な例外を除いて，元の凸計画問題と同じ最適値をもつ．

(E) 線形計画問題，凸 2 次計画問題，半正定値計画問題など多くの凸計画問題は内点法によって効率よく解くことができる．

(A) は凸計画問題が幅広い応用をもつことを意味している．(B) の事実はこの節の最後に示す．(C) は特に重要である．数理計画問題の多くのアルゴリズムは，大域的最小解ではなく，最適性の条件を満たす点を求めるよう設計されている．そのため，そのような点が大域的最小解であることが保証されることは，実用上，非常に重要である．この性質の詳細は，4 章と 5 章において説明する．(D) も，双対問題は元の問題に比べて扱いやすい場合があるため，理論だけでなく解法の観点からも重要である．例えば，双対問題の最適値 η がわかっていれば，元の問題の実行可能解 $\hat{x}$ が与えられたとき，$f(\hat{x}) - \eta$ の大きさを見ることによって $\hat{x}$ がどれくらい最小解に近いかを判断することができる．なお，双対問題については，6 章において詳しく説明する．(E) の内点法については 11 章で紹介する．

それでは，問題が凸計画問題となるのは，関数 f, g, h がどのような性質をもつときであろうか？その質問に答えるためには，どのようなときに実行可能集合は凸集合になるのか，また，どのようなときに目的関数は凸関数になるのかを知る必要がある．次節以降では，凸性

に関連したいくつかの性質を紹介する．なお，1.2 節で定義したように，集合 $S \subseteq R^n$ が凸集合であるとは

$$x, y \in S \Rightarrow \alpha x + (1-\alpha)y \in S \quad \forall \alpha \in [0,1] \tag{3.1}$$

が成り立つことであり，関数 f が凸集合 $Y \subseteq R^n$ 上で凸関数であるとは

$$f(\alpha x + (1-\alpha)y) \leqq \alpha f(x) + (1-\alpha)f(y) \quad \forall x, y \in Y, \forall \alpha \in [0,1] \tag{3.2}$$

が成り立つことである．また，関数 f が凸集合 Y 上で狭義凸関数であるとは，$x \neq y$ であるすべての $x, y \in Y$ に対して

$$f(\alpha x + (1-\alpha)y) < \alpha f(x) + (1-\alpha)f(y) \quad \forall \alpha \in (0,1) \tag{3.3}$$

が成り立つことである．明らかに狭義凸関数は凸関数であるが，逆は必ずしも成り立たない．
ここで，上記の項目 (B) で述べた性質が成り立つことを示そう．

定理 3.1 凸計画問題の局所的最小解は大域的最小解である．さらに目的関数が狭義凸関数であれば，最小解はたかだか一つである．

証明 x^* が局所的最小解であれば，ある $\varepsilon > 0$ が存在して

$$f(x^*) \leqq f(x) \quad \forall x \in B(x^*, \varepsilon) \cap \mathcal{F} \tag{3.4}$$

が成り立つ．ここで，x^* が大域的最小解でないと仮定して矛盾を導こう．$f(y) < f(x^*)$ となる $y \in \mathcal{F}$ が存在すれば，$\mathcal{F}$ が凸集合であることから，任意の $\alpha \in [0,1]$ に対して

$$\alpha x^* + (1-\alpha)y \in \mathcal{F}$$

が成り立つ．また，$\varepsilon > 0$ がいくら小さくても，α が十分 1 に近いとき $\alpha x^* + (1-\alpha)y \in B(x^*, \varepsilon)$ となるので，$\alpha x^* + (1-\alpha)y \in B(x^*, \varepsilon) \cap \mathcal{F}$ が成り立つ．一方，目的関数 f が凸関数であることと，$f(y) < f(x^*)$ であることから

$$f(\alpha x^* + (1-\alpha)y) \leqq \alpha f(x^*) + (1-\alpha)f(y) < f(x^*)$$

が成り立つ．これは式 (3.4) に矛盾する．よって，凸計画問題の局所的最小解は大域的最小解である．
次に定理の後半を示そう．二つの相異なる大域的最小解 x^*, y^* があったとする．このとき，任意の $\alpha \in (0,1)$ に対して，$\alpha x^* + (1-\alpha)y^*$ は実行可能解である．さらに，f が狭義凸関数であり，$f(x^*) = f(y^*)$ であることから

$$f(\alpha x^* + (1-\alpha)y^*) < \alpha f(x^*) + (1-\alpha)f(y^*) = f(x^*)$$

が成り立つ．これは x^* が大域的最小解であることに矛盾する．よって，最小解の数はたかだか一つである．

3.2 凸集合

この節では，どのようなときに実行可能集合 $\mathcal{F}$ が凸集合となるかを調べる．

まず，不等式制約を満たす点の集合が凸集合となるための十分条件を与える．

> (a)　$g: R^n \to R$ が凸関数であれば集合 $S = \{x \in R^n \mid g(x) \leqq 0\}$ は凸集合となる．

凸集合の定義 (3.1) より，任意の $x, y \in S$ と $\alpha \in [0, 1]$ に対して，$\alpha x + (1-\alpha) y \in S$ となることを示せばよい．$x, y \in S$ であることから，$g(x) \leqq 0$ かつ $g(y) \leqq 0$ である．さらに，g が凸関数であることと $\alpha \in [0, 1]$ より

$$g(\alpha x + (1-\alpha) y) \leqq \alpha g(x) + (1-\alpha) g(y) \leqq 0$$

が成り立つ．これは $\alpha x + (1-\alpha) y \in S$ であることを意味している．

なお，不等式制約の実行可能集合 S が凸集合であっても，g が凸関数であるとはかぎらない．例えば，x^3 は凸関数ではないが，集合 $\{x \in R \mid x^3 \leqq 0\}$ は $\{x \in R \mid x \leqq 0\}$ と一致するので，凸集合である．

次に等式制約を満たす点の集合が凸集合となるための十分条件を与える．

> (b)　$h: R^n \to R$ が 1 次関数であれば，集合 $S = \{x \in R^n \mid h(x) = 0\}$ は凸集合となる．

このことも容易に示すことができる．h は 1 次関数であるから，ある n 次元ベクトル a とスカラー b を用いて，$h(x) = a^T x + b$ と表すことができる．よって，任意の $x, y \in S$ と $\alpha \in [0, 1]$ に対して

$$h(\alpha x + (1-\alpha) y) = a^T \{\alpha x + (1-\alpha) y\} + \{\alpha + (1-\alpha)\} b$$
$$= \alpha h(x) + (1-\alpha) h(y) = 0$$

となる．これは $\alpha x + (1-\alpha) y \in S$，つまり S が凸集合であることを表している．なお，この関係の逆は必ずしも成り立たない．実際，$h(x) = \max\{0, x\}$ のとき $S = \{x \in R \mid x \leqq 0\}$ となり，S は凸集合となる．しかしながら，h は 1 次関数ではない．

3.2 凸集合

一般の数理計画問題の実行可能集合は，複数の不等式制約や等式制約を満たす点の集合として表される．そこで，凸集合の共通集合について調べよう．

> (c) S, T を凸集合とする．このとき S と T の共通集合 $S \cap T$ も凸集合である．

任意の $x, y \in S \cap T$ と $\alpha \in [0, 1]$ を考える．$x, y \in S$ であることから，$\alpha x + (1-\alpha)y \in S$ である．同様に，$\alpha x + (1-\alpha)y \in T$ となる．つまり，$\alpha x + (1-\alpha)y \in S \cap T$ となるので，$S \cap T$ は凸集合である (図 3.1)．

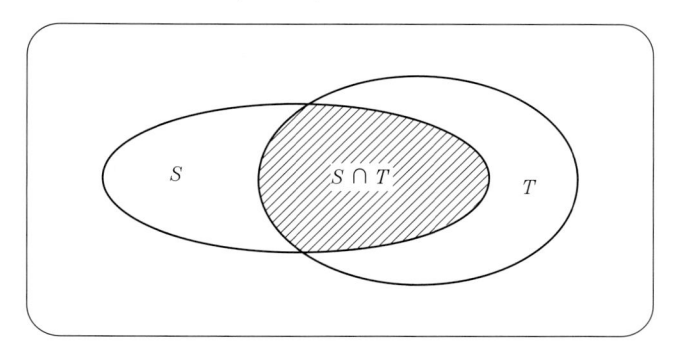

図 3.1 凸集合の共通集合

以上の (a), (b), (c) を用いると，実行可能集合 $\mathcal{F}$ が凸集合となる十分条件は以下のように表される．

> $h_i : R^n \to R$ $(i = 1, \ldots, m)$ は 1 次関数とし，$g_j : R^n \to R$ $(j = 1, \ldots, r)$ は凸関数とする．さらに $X \subseteq R^n$ を凸集合とする．このとき，実行可能集合
>
> $$\mathcal{F} := \{x \in X \mid h(x) = 0, \ g(x) \leqq 0\} \tag{3.5}$$
>
> は凸集合である．

これは，集合 $\mathcal{F}$ が

$$\mathcal{F} = X \cap \{x \in R^n \mid h_1(x) = 0\} \cap \cdots \cap \{x \in R^n \mid h_m(x) = 0\}$$
$$\cap \{x \in R^n \mid g_1(x) \leqq 0\} \cap \cdots \cap \{x \in R^n \mid g_r(x) \leqq 0\}$$

と表されることに注意すれば，(a), (b), (c) を用いることによって確かめられる．なお，この性質より，線形計画問題や 2 次計画問題の実行可能集合

$$\mathcal{F} = \{x \in R^n \mid Ax = b, \ x \geqq 0\}$$

が凸集合であることがわかる．また，この性質において X が凸集合であることは重要である．例えば，X が離散的な集合である組合せ最適化問題の実行可能集合は，式 (3.5) において h_i $(i = 1, \ldots, m)$ が 1 次関数，g_j $(j = 1, \ldots, r)$ が凸関数であっても凸集合にならない．

以下では, 実行可能集合が式 (3.5) のように等式制約や不等式制約で表されているとき, 目的関数 f が凸関数, 等式制約を表す関数 $h_i\,(i=1,\ldots,m)$ が 1 次関数, 不等式制約を表す関数 $g_j\,(j=1,\ldots,r)$ が凸関数, X が凸集合である場合に限って凸計画問題と呼ぶことにする.

3.3 凸関数

前節では, 等式制約を表す関数 $h_i\,(i=1,\ldots,m)$ が 1 次関数で不等式制約を表す関数 $g_j\,(j=1,\ldots,r)$ が凸関数であれば, 実行可能集合が凸集合となることを見た. 問題が凸計画問題であるためには, さらに目的関数 f が凸関数である必要がある. この節では, 関数が凸関数となるための条件をいくつか与える.

まず, 微分可能な関数 $f: R^n \to R$ が凸関数となるための必要十分条件を与える. 以下では集合 $Y \subseteq R^n$ は凸集合とする.

（ⅰ）微分可能な関数 f が Y 上で凸関数であるための必要十分条件は, 任意の $x, y \in Y$ に対して次の不等式が成り立つことである.

$$f(x) \geq f(y) + \nabla f(y)^T (x - y) \tag{3.6}$$

さらに, f が Y 上で狭義凸関数であるための必要十分条件は, $x \neq y$ である任意の $x, y \in Y$ に対して, 不等式 (3.6) が ($\geq$ ではなく) $>$ として成り立つことである.

不等式 (3.6) は凸関数のグラフ上の任意の点で引いた接線 (変数が 2 次元以上であれば接平面) が, その関数よりも下にあることを意味している (図 **3.2**).

このことは以下のように証明できる. f が Y 上で凸関数であることより, 任意の $x, y \in Y$ と $\alpha \in (0, 1]$ に対して

$$f(\alpha x + (1-\alpha)y) \leq \alpha f(x) + (1-\alpha) f(y)$$

が成り立つ. この式を変形すると

$$\frac{f(y + \alpha(x-y)) - f(y)}{\alpha} \leq f(x) - f(y)$$

を得る. この式において, x と y を固定し, $\alpha \to 0$ としたときの極限を考える.

3.3 凸関数

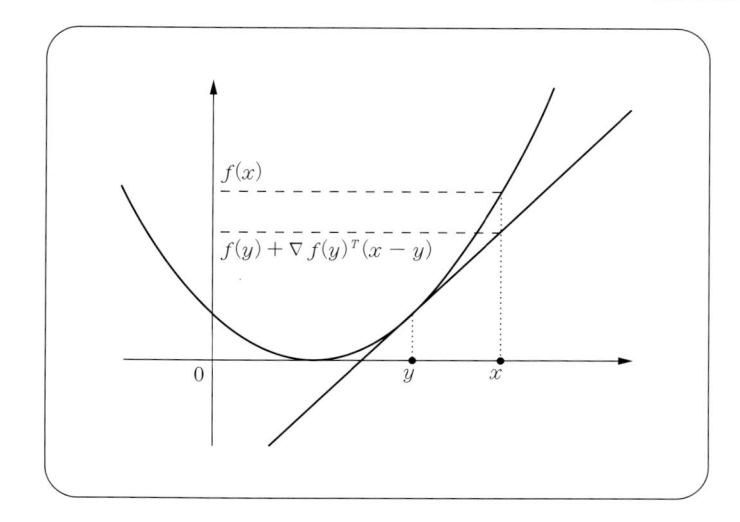

図 3.2 凸関数とグラフの接線

$$\lim_{\alpha \to 0} \frac{f(y + \alpha(x-y)) - f(y)}{\alpha} \leq f(x) - f(y) \tag{3.7}$$

ここで，関数 $p : R \to R^n$ を $p(\alpha) = y + \alpha(x-y)$ で定義し，$q : R \to R$ を p と f の合成関数 $q(\alpha) = f(p(\alpha))$ とする．このとき，式 (3.7) の左辺は

$$\lim_{\alpha \to 0} \frac{f(y + \alpha(x-y)) - f(y)}{\alpha} = \lim_{\alpha \to 0} \frac{q(\alpha) - q(0)}{\alpha} = \nabla q(0)$$

となる．合成関数の微分の公式 (2.1) より

$$\nabla q(0) = \nabla p(0) \nabla f(p(0)) = (x-y)^T \nabla f(y) = \nabla f(y)^T (x-y)$$

を得る．この式と式 (3.7) より，不等式 (3.6) が得られる．逆に，式 (3.6) が成り立つとする．任意の $\bar{x}, \bar{y} \in Y$ と $\alpha \in [0,1]$ を選ぶ．まず，式 (3.6) に $x := \bar{x}$ と $y := (1-\alpha)\bar{x} + \alpha\bar{y}$ を代入すると

$$f(\bar{x}) - f((1-\alpha)\bar{x} + \alpha\bar{y}) \geq \nabla f((1-\alpha)\bar{x} + \alpha\bar{y})^T [\bar{x} - \{(1-\alpha)\bar{x} + \alpha\bar{y}\}] \tag{3.8}$$

を得る．同様に $x := \bar{y}$ と $y := (1-\alpha)\bar{x} + \alpha\bar{y}$ を代入すると

$$f(\bar{y}) - f((1-\alpha)\bar{x} + \alpha\bar{y}) \geq \nabla f((1-\alpha)\bar{x} + \alpha\bar{y})^T [\bar{y} - \{(1-\alpha)\bar{x} + \alpha\bar{y}\}] \tag{3.9}$$

を得る．ここで，式 (3.8) の両辺を $1-\alpha$ 倍した不等式と，式 (3.9) の両辺を α 倍した不等式を辺々足し合わせると

$$(1-\alpha)f(\bar{x}) + \alpha f(\bar{y}) - f((1-\alpha)\bar{x} + \alpha\bar{y})$$
$$\geq \nabla f((1-\alpha)\bar{x} + \alpha\bar{y})^T [(1-\alpha)\bar{x} + \alpha\bar{y} - \{(1-\alpha)\bar{x} + \alpha\bar{y}\}] = 0$$

となる．$\bar{x}, \bar{y} \in Y$ と $\alpha \in [0,1]$ は任意であったから，これは f が Y 上で凸関数であることを示している．狭義凸関数の条件に関しても，同様に示すことができる．

例題 3.1　次の関数 $f_a, f_b : R^2 \to R$ は凸関数か？

(1)　$f_a(x) = x_1^2 + x_2$

(2)　$f_b(x) = x_1 x_2$

解答　関数 f_a と f_b は微分可能であるから，性質（ⅰ）を利用して，凸関数であるかどうかを調べることができる．

(1) 関数 f_a の微分は $\nabla f_a(x) = (2x_1, 1)^T$ となる．任意の $x, y \in R^2$ に対して

$$\nabla f_a(x)^T (y - x) = 2x_1 y_1 + y_2 - 2x_1^2 - x_2$$

であるから

$$\begin{aligned}
&f_a(y) - f_a(x) - \nabla f_a(x)^T (y - x) \\
&= y_1^2 + y_2 - x_1^2 - x_2 - 2x_1 y_1 - y_2 + 2x_1^2 + x_2 \\
&= y_1^2 - 2x_1 y_1 + x_1^2 \\
&= (x_1 - y_1)^2 \geqq 0
\end{aligned}$$

となる．よって f_a は凸関数である．

(2) 関数 f_b の微分は $\nabla f_b(x) = (x_2, x_1)^T$ となる．ここで，$x = (0,0)^T$, $y = (-1, 1)^T$ とすれば，$f_b(y) = -1, f_b(x) = 0, \nabla f_b(x) = (0,0)^T$ であるから

$$f_b(y) - f_b(x) - \nabla f_b(x)^T (y - x) = -1 < 0$$

となる．よって，f_b は凸関数ではない．

次に関数 f のヘッセ行列を用いた必要十分条件を与えよう．

（ⅱ）2回連続的微分可能な関数 f が Y 上で凸関数であるための必要十分条件は，任意の $x \in Y$ においてヘッセ行列 $\nabla^2 f(x)$ が半正定値行列であることである．さらに，任意の $x \in Y$ において $\nabla^2 f(x)$ が正定値行列であれば，f は狭義凸関数である．

この性質の証明には多少準備が必要となるので，ここでは省略する．この性質より，1変数の2次関数 $ax^2 + bx + c$ が凸関数となるための必要十分条件は $a \geqq 0$ であることがわかる．次に，n 変数の2次関数の場合，つまり $f : R^n \to R$ が，$n \times n$ 対称行列 Q と n 次元ベクトル q によって，$f(x) = x^T Q x / 2 + q^T x$ と表されている場合を考える．この関数のヘッセ行列は任意の x において $\nabla^2 f(x) = Q$ である．Q が半正定値行列であれば，f が凸関数となることを確かめてみよう．$\nabla f(y) = Qy + q$ より

$$f(x) - f(y) - \nabla f(y)^T(x-y)$$
$$= \frac{1}{2}x^TQx + q^Tx - \frac{1}{2}y^TQy - q^Ty - (Qy+q)^T(x-y)$$
$$= \frac{1}{2}x^TQx - x^TQy + \frac{1}{2}y^TQy$$
$$= \frac{1}{2}(x-y)^TQ(x-y) \geqq 0$$

が成り立つ．よって，性質（ⅰ）より f は凸関数である．

性質（ⅱ）において，ヘッセ行列が正定値行列であることは，狭義凸関数であることの十分条件であったが，必要条件とはならない．これは関数 $f(x) = x^4$（ただし $x \in R$）を考えてみればわかる．この関数は狭義凸関数であるが，$\nabla^2 f(0) = f''(0) = 0$ となるため，すべての x において正定値という条件を満たさない．

性質（ⅱ）は，与えられた関数が凸関数かどうかをチェックするためによく用いられる．例として，$f(x) = e^{x_1 + 2x_2}$ を調べてみよう．この関数の勾配は

$$\nabla f(x) = \begin{pmatrix} e^{x_1+2x_2} \\ 2e^{x_1+2x_2} \end{pmatrix}$$

となり，ヘッセ行列は

$$\nabla^2 f(x) = \begin{pmatrix} e^{x_1+2x_2} & 2e^{x_1+2x_2} \\ 2e^{x_1+2x_2} & 4e^{x_1+2x_2} \end{pmatrix}$$

となる．任意の $v \in R^2$ に対して

$$(v_1 \; v_2) \begin{pmatrix} e^{x_1+2x_2} & 2e^{x_1+2x_2} \\ 2e^{x_1+2x_2} & 4e^{x_1+2x_2} \end{pmatrix} \begin{pmatrix} v_1 \\ v_2 \end{pmatrix} = e^{x_1+2x_2}(v_1 + 2v_2)^2 \geqq 0$$

が成り立つので，ヘッセ行列 $\nabla^2 f(x)$ は任意の $x \in R^2$ において半正定値行列となる．よって関数 f は凸関数である．

前節の最後で示したように，線形計画問題や2次計画問題の実行可能集合は凸集合である．1次関数は凸関数であるから，線形計画問題は凸計画問題である．また，Q が半正定値対称行列であるとき，2次関数 $f(x) = x^TQx/2 + q^Tx$ は凸関数となるから，目的関数のヘッセ行列が半正定値行列であるような2次計画問題は凸計画問題となる．

例題 3.2 最小二乗問題 (1.7) が凸計画問題であることを示せ．

解答 最小二乗問題 (1.7) は制約なし最小化問題であるから，目的関数が凸関数となることを示せばよい（問題 (1.7) においては $a \in R^n$ と $b \in R$ が決定変数であったことに注意しよう）．$\bar{x}^i = ((x^i)^T, 1)^T (i = 1, \ldots, m)$ とおき，$(n+1) \times (n+1)$ 行列 Q と $n+1$ 次元ベクトル q を

$$Q := \sum_{i=1}^{m}(\bar{x}^i)(\bar{x}^i)^T, \quad q := -2\sum_{i=1}^{m} y^i \bar{x}^i$$

44　3. 凸計画問題

と定義する．そのとき，最小二乗問題の目的関数は

$$\sum_{i=1}^{m}(a^T x^i + b - y^i)^2 = (a^T, b)Q(a^T, b)^T + q^T(a^T, b)^T + \sum_{i=1}^{m}(y^i)^2$$

と表され，そのヘッセ行列は定数行列 Q である．また，任意の $v \in R^{n+1}$ に対して

$$v^T Q v = \sum_{i=1}^{m} v^T (\bar{x}^i)(\bar{x}^i)^T v = \sum_{i=1}^{m} (v^T \bar{x}^i)^2 \geqq 0$$

が成り立つので，Q は半正定値行列である．よって，最小二乗問題 (1.7) は凸計画問題である．

例題 3.3　任意の実数 a, b に対して関数 $g(x) = \log(e^{ax_1} + e^{bx_2})$ が凸関数であることを示せ．

解答　関数 g のヘッセ行列は

$$\nabla^2 g(x) = \frac{e^{ax_1} e^{bx_2}}{(e^{ax_1} + e^{bx_2})^2} A$$

となる．ここで

$$A = \begin{pmatrix} a^2 & -ab \\ -ab & b^2 \end{pmatrix}$$

である．任意の $x \in R^2$ に対して $e^{ax_1} e^{bx_2} > 0$ かつ $(e^{ax_1} + e^{bx_2})^2 > 0$ であるから，$\nabla^2 g(x)$ が半正定値行列であることと行列 A が半正定値行列であることは等価である．任意の $v \in R^2$ に対して

$$v^T A v = (av_1 - bv_2)^2 \geqq 0$$

となるので，A は半正定値である．よって，任意の x において $\nabla^2 g(x)$ は半正定値行列となるので，g は凸関数である．

微分可能な関数に対しては，上記の性質 (i), (ii) を用いることによって，凸関数であるかどうか判定できることがわかった．次に，関数の和や合成が凸関数となるための条件を調べることにしよう．

> (iii)　f, g は Y 上で凸関数であるとする．任意の非負定数 a, b に対して $af + bg$ は Y 上で凸関数である

関数 $h(x) := af(x) + bg(x)$ は任意の $x, y \in Y$ と $\alpha \in [0, 1]$ に対して

$$\alpha h(x) + (1-\alpha) h(y) = a\alpha f(x) + a(1-\alpha) f(y) + b\alpha g(x) + b(1-\alpha) g(y)$$
$$\geqq af(\alpha x + (1-\alpha) y) + bg(\alpha x + (1-\alpha) y)$$
$$= h(\alpha x + (1-\alpha) y)$$

を満たすので，凸関数である．

この性質より，凸関数の和は凸関数となり，凸関数に非負の定数を掛けた関数も凸関数となることがわかる．例えば，$f(x_1, x_2) = e^{x_1+2x_2} + 3x_1 + 4x_2$ は凸関数となる．

> （iv） $T \subseteq R$ を凸集合とする．このとき凸関数 $g : Y \to T$ と非減少な凸関数 $f : T \to R$ の合成関数 $f(g(x))$ は Y 上で凸関数である．

ここで，R の凸集合とは (a,b), $(a,b]$, $[a,b)$, $[a,b]$ のような区間である．ただし，$a = -\infty$ あるいは $b = \infty$ を許す．また，関数 f が非減少であるとは，$a < b$ であるような任意の $a, b \in T$ に対して $f(a) \leq f(b)$ が成り立つことである．この性質（iv）も，凸関数の定義より，任意の $x, y \in Y$, $\alpha \in [0,1]$ に対して

$$f(g(\alpha x + (1-\alpha)y)) \leq f(\alpha g(x) + (1-\alpha)g(y)) \leq \alpha f(g(x)) + (1-\alpha)f(g(y))$$

となることから確かめられる．ここで，1番目の不等式には f が非減少関数であることと g が凸関数であることを用いた．また最後の不等式は f が凸関数であることを用いている．

性質（iv）を使って次の問題を解いてみよう．

例題 3.4 関数 $g_j : R^n \to R$ $(j = 1, \ldots, r)$ は凸関数であり，集合 $S = \{x \mid g_j(x) < 0, j = 1, \ldots, r\}$ は空集合でないとする．このとき，$-\sum_{j=1}^{r} \log(-g_j(x))$ が S 上で凸関数となることを示せ．

解答 凸関数の性質（iii）より，$-\log(-g_j(x))$ $(j = 1, \ldots, r)$ が S 上で凸関数となることを示せば十分である．ここで $f(t) = -\log(-t)$ とすると，$-\log(-g_j(x)) = f(g_j(x))$ と表せる．$x \in S$ のとき $g_j(x) < 0$ であるから，f が $(-\infty, 0)$ 上で非減少な凸関数であることを示せばよい．$f''(t) = 1/t^2 \geq 0$ であるから，f は $(-\infty, 0)$ 上で凸関数である．さらに，$f'(t) = -1/t$ であるから，$(-\infty, 0)$ 上で $f'(t) > 0$ となる．よって，f は非減少な凸関数である．

> （v） 各点 x において凸関数 f_1 と f_2 の大きいほうの値をとる関数
>
> $$f(x) := \max\{f_1(x), f_2(x)\} = \begin{cases} f_1(x) & (f_1(x) \geq f_2(x)) \\ f_2(x) & (f_1(x) < f_2(x)) \end{cases}$$
>
> は凸関数である（図 **3.3**）．

この性質も凸関数の定義から，以下のように容易に導くことができる．任意の $x, y \in R^n$ と $\alpha \in [0,1]$ を選ぶ．まず，$f_1(\alpha x + (1-\alpha)y) \leq f_2(\alpha x + (1-\alpha)y)$ の場合を考える．このとき，f_2 の凸性より

46   3. 凸計画問題

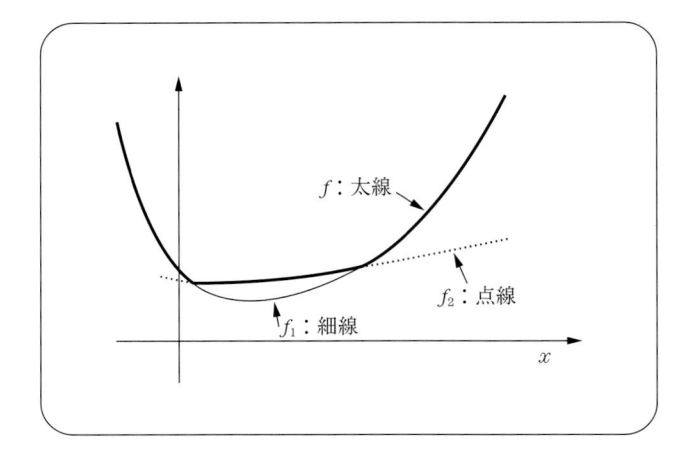

図 3.3 max 関数の凸性

$$f(\alpha x + (1-\alpha)y) = f_2(\alpha x + (1-\alpha)y)$$
$$\leq \alpha f_2(x) + (1-\alpha)f_2(y)$$
$$\leq \alpha \max\{f_1(x), f_2(x)\} + (1-\alpha)\max\{f_1(y), f_2(y)\}$$
$$= \alpha f(x) + (1-\alpha)f(y)$$

となる．$f_1(\alpha x + (1-\alpha)y) > f_2(\alpha x + (1-\alpha)y)$ の場合も同様である．

以上の性質（ⅰ）〜（ⅴ）のまとめとして，次の例題を解いてみよう．

例題 3.5　$f(x) = (\max\{0, e^{x_1+x_2} - x_1\})^2$ は凸関数か？

解答　まず性質（ⅱ）（または性質（ⅳ））より，$e^{x_1+x_2}$ が凸関数であることがわかる．同様に $-x_1$ も凸関数であるから，性質（ⅲ）より，$e^{x_1+x_2} - x_1$ は凸関数となる．さらに関数 $(\max\{0,t\})^2$ は単調非減少な凸関数であるから，性質（ⅴ）より，$e^{x_1+x_2} - x_1$ と $(\max\{0,t\})^2$ の合成関数 f は凸関数である．

☕ 談 話 室 ☕

凸計画問題への定式化　凸計画問題はさまざまなよい性質をもっているため，解こうとする問題を凸計画問題に定式化できることが望ましい．しかしながら，現実に現れる問題は普通に定式化したのでは凸計画問題とならないことが多い．そのような問題に対して，元の問題と同じ最適解をもつ凸計画問題を構成するテクニックが，近年活発に研究されている．例として，次の問題を考えてみよう．

$$\begin{aligned}
\min \quad & x_1 x_2 \\
\text{s.t.} \quad & x_1/x_3 + x_2 \leq 1 \\
& x_2 x_3 = 1 \\
& x_1, x_2, x_3 > 0
\end{aligned}$$

目的関数 $x_1 x_2$ は例題 3.1 でも見たように凸関数ではないし，実行可能集合も凸集合ではない．よって，この問題は凸計画問題ではない．しかし次のような方法でこの問題は凸計画問題に変換できる．まず，$(x_1, x_2, x_3) = (e^{y_1}, e^{y_2}, e^{y_3})$ と変数変換をする．

$$\begin{aligned} \min \quad & e^{y_1+y_2} \\ \text{s.t.} \quad & e^{y_1-y_3} + e^{y_2} \leqq 1 \\ & e^{y_2+y_3} = 1 \end{aligned}$$

ここで，$e^{y_1}, e^{y_2}, e^{y_3} > 0$ はいつでも成り立つことに注意．対数関数 log は単調増加関数であるから，目的関数 $e^{y_1+y_2}$ を $\log(e^{y_1+y_2})$ としても問題の解は変わらない．同様にして，等式制約，不等式制約をそれぞれ $\log(e^{y_2+y_3}) = \log(1)$，$\log(e^{y_1-y_3} + e^{y_2}) \leqq \log(1)$ と変換することができる．その結果，元の問題は

$$\begin{aligned} \min \quad & y_1 + y_2 \\ \text{s.t.} \quad & \log(e^{y_1-y_3} + e^{y_2}) \leqq 0 \\ & y_2 + y_3 = 0 \end{aligned}$$

と変換できる．この問題は凸計画問題である．$\log(e^{y_1-y_3} + e^{y_2})$ が凸関数であることの検証は読者に任せよう．

このように凸でない問題も凸計画問題に変換できる場合があるので，難しい問題に直面しても，すぐ諦めないで，ひとひねり考えてみよう．

最後に数理計画問題の定式化によく現れる凸関数をいくつか紹介しよう．これらの関数と性質 (iii)，(iv) を組み合せることによって，さまざまな凸関数を構成したり，与えられた関数が凸関数かどうかを検証することができる．

(1) 1 次関数 $c^T x$
(2) Q が半正定値対称行列であるような 2 次関数 $x^T Q x/2 + q^T x$
(3) 対数関数に -1 を掛けた関数 $-\log x$（定義域は $x > 0$）
(4) 指数関数 e^x

ただし，(1) と (2) では $x \in R^n$，(3) と (4) では $x \in R$ である．なお，関数 e^x は非減少な関数であり，関数 $-\log x$ は非増加な関数である．

本章のまとめ

❶ **凸計画問題のよい性質**
- 応用上重要な多くの問題が凸計画問題として定式化できる．
- 局所的最小解は大域的最小解となる．
- 最適性の条件を満たす点は大域的最小解となる (詳しくは 4 章)．

- 特殊な例外を除いて，双対問題は元の凸計画問題と同じ最適値をもつ (詳しくは 6 章).
- 線形計画問題など多くの凸計画問題は内点法を用いて効率よく解くことができる (詳しくは 11 章).

❷ **凸集合となる条件**
(1) $g: R^n \to R$ が凸関数ならば，集合 $S = \{x \in R^n \mid g(x) \leqq 0\}$ は凸集合である．
(2) $h: R^n \to R$ が 1 次関数ならば，集合 $S = \{x \in R^n \mid h(x) = 0\}$ は凸集合である．
(3) 凸集合 S, T の共通集合 $S \cap T$ は凸集合である．

❸ **凸関数となる条件**
(1) 微分可能な関数 f が凸関数であるための必要十分条件は，f のグラフの任意の点における接線 (接平面) が f のグラフの下にくることである (式 (3.6)，図 3.2 参照).
(2) 2 回連続的微分可能な関数 f が凸関数であるための必要十分条件は，任意の点 x においてヘッセ行列 $\nabla^2 f(x)$ が半正定値行列になることである．
(3) 凸関数の和は凸関数である．
(4) 凸関数 $f: R^n \to R$ と単調非減少な凸関数 $g: R \to R$ の合成関数 $g(f(x))$ は凸関数である．
(5) 凸関数 $f_i: R^n \to R$ $(i=1,\ldots,l)$ に対して $f(x) = \max\{f_1(x), \ldots, f_l(x)\}$ で定義される関数 $f: R^n \to R$ は凸関数である．

❹ **線形計画問題と凸 2 次計画問題**　　線形計画問題は凸計画問題である．目的関数のヘッセ行列が半正定値行列であるような 2 次計画問題は凸計画問題である．

●理解度の確認●

問 3.1　凸計画問題の最小解全体の集合は凸集合であることを示せ．

問 3.2　$\log(e^{y_1} + e^{-y_2})$ が凸関数であることを示せ．

問 3.3　$x_1^2 + x_2^4$ が狭義凸関数であることを示せ．さらに，そのヘッセ行列がすべての $x \in R^2$ において正定値であるかを調べよ．

問 3.4　S と T が凸集合であっても，一般に $S \cup T$ は凸集合にならない．そのような例を一つ挙げよ．

問 3.5　集合 $S = \{x \in R^2 \mid x_1^2 + x_2^2 \leqq 1,\ x \leqq 0\}$ は凸集合であることを示せ．

4 制約なし最小化問題に対する最適性の条件

通常の反復法の計算は関数値や勾配などの局所的情報に基づいて行われるので,生成される点列は問題の局所的最小解に収束することが期待される.そのような反復法を構築し,実装するには,与えられた点が局所的最小解かどうかを判定するための条件を考えることが重要である.もちろん,その条件は,容易に検証できることが望ましい.この章と次の章の目的は,そのような条件,すなわち最適性の条件を与えることである.この章では,特に,制約なし最小化問題に対する最適性の条件を説明する.

4.1 最適性の必要条件

最適性の条件には，必要条件と十分条件がある．この節では，まず最適性の必要条件，すなわち局所的最小解が満たすべき条件を与える．

点 x^* を制約なし最小化問題

$$\begin{aligned}&\min \quad f(x) \\ &\text{s.t.} \quad x \in R^n\end{aligned} \qquad (4.1)$$

の局所的最小解とする．任意のベクトル $d \in R^n (d \neq 0)$ に対して，x^* から方向 d に沿って動いた点 $x^* + \alpha d$ を考える．ここで $\alpha \in R$ は移動量の大きさを表すパラメータである．このとき，x^* は局所的最小解であるから，$|\alpha|$ が十分小さければ

$$f(x^* + \alpha d) - f(x^*) \geqq 0$$

が成り立つ．いま，$\alpha > 0$ とし，上の不等式の両辺を α で割って得られる不等式において，α を 0 に近づけたときの極限を考えれば，合成関数の微分の公式より

$$0 \leqq \lim_{\alpha \downarrow 0} \frac{f(x^* + \alpha d) - f(x^*)}{\alpha} = \nabla f(x^*)^T d$$

を得る．この不等式がすべての方向 d に対して成り立たなければならない．ここで，d として $2n$ 個のベクトル $(\pm 1, 0, \cdots, 0)^T, (0, \pm 1, 0, \cdots, 0)^T, \ldots, (0, \cdots, 0, \pm 1)^T$ を考えると

$$\nabla f(x^*) = 0$$

でなければならないことがわかる．この条件を制約なし最小化問題の**最適性の 1 次の必要条件**と呼ぶ．また，1 次の必要条件を満たす点を f の**停留点**と呼ぶ．

この条件が"1 次"の必要条件と呼ばれるのは関数 f の 1 次の微分を用いているためである．次に，関数 f の 2 次の微分を用いる"2 次"の必要条件を考えてみよう．

f は 2 回連続的微分可能であると仮定し，x^* のまわりでテイラー展開をすると

$$f(x^* + \alpha d) - f(x^*) = \alpha \nabla f(x^*)^T d + \frac{\alpha^2}{2} d^T \nabla^2 f(x^*) d + o(\alpha^2)$$

を得る．x^* が局所的最小解であることと，1 次の必要条件より $\nabla f(x^*) = 0$ が成り立つことから

$$0 \leq \frac{f(x^* + \alpha d) - f(x^*)}{\alpha^2} = \frac{1}{2} d^T \nabla^2 f(x^*) d + \frac{o(\alpha^2)}{\alpha^2}$$

を得る．ここで，$\alpha \to 0$ とすると，$o(\cdot)$ の定義より

$$0 \leq d^T \nabla^2 f(x^*) d$$

を得る．この不等式がすべての方向 d に対して成り立たなければならない．このことは，局所的最小解 x^* におけるヘッセ行列 $\nabla^2 f(x^*)$ は半正定値行列であることを意味している．これを**最適性の 2 次の必要条件**と呼ぶ．

以上のことをまとめると次の定理を得る．

定理 4.1 点 x^* を制約なし最小化問題 (4.1) の任意の局所的最小解とする．そのとき f が微分可能であれば

$$\nabla f(x^*) = 0 \tag{4.2}$$

が成り立つ (**最適性の 1 次の必要条件**)．さらに，f が 2 回連続的微分可能であれば，ヘッセ行列 $\nabla^2 f(x^*)$ は半正定値行列である (**最適性の 2 次の必要条件**)．

ここで，次の問題を考えてみよう．

$$\min \quad e^{x_1^2 + x_2^2} + x_2^2 \tag{4.3}$$

$f(x) = e^{x_1^2 + x_2^2} + x_2^2$ とすれば，この問題の 1 次の必要条件は

$$\nabla f(x) = \begin{pmatrix} 2x_1 e^{x_1^2 + x_2^2} \\ 2x_2 e^{x_1^2 + x_2^2} + 2x_2 \end{pmatrix} = 0$$

となり，この条件を満たす点は $x = (0,0)^T$ だけである．さらに

$$\nabla^2 f(x) = \begin{pmatrix} 2e^{x_1^2 + x_2^2} + 4x_1^2 e^{x_1^2 + x_2^2} & 4x_1 x_2 e^{x_1^2 + x_2^2} \\ 4x_1 x_2 e^{x_1^2 + x_2^2} & 2e^{x_1^2 + x_2^2} + 4x_2^2 e^{x_1^2 + x_2^2} + 2 \end{pmatrix}$$

であるから，点 $x = (0,0)^T$ におけるヘッセ行列

$$\nabla^2 f(0,0) = \begin{pmatrix} 2 & 0 \\ 0 & 4 \end{pmatrix}$$

は半正定値行列であり，確かに最適性の2次の必要条件が成立している．

次の例が示すように，一般に最適性の必要条件は十分条件とはならない．

$$\min \quad -x^4 \tag{4.4}$$

この問題の目的関数 $f(x) := -x^4$ に対して，$\nabla f(0) = \nabla^2 f(0) = 0$ となる．このように，$x = 0$ は1次，2次両方の必要条件を満たしているが，この問題の最大解であり，最小解ではない．

最適性の1次の必要条件を満たす点は必ずしも局所的最小解とはならないが，検証が容易であることから，最適性の1次の必要条件を反復法の終了条件として用いることが多い．例えば，局所的最小点に収束する点列 $\{x^k\}$ を生成する反復法の終了条件として

$$\|\nabla f(x^k)\| \leq \varepsilon$$

を用いれば，この終了条件を満たす点 x^k は最適性の1次の必要条件を"ほとんど"満たしていると考えられる（ここで $\varepsilon > 0$ は前もって選ばれた十分小さい数である）．

4.2 最適性の十分条件

この節では，制約なし最小化問題に対する最適性の十分条件を与える．

前節の最後の例 (4.4) では，目的関数 $-x^4$ が凹関数（-1 を掛けると凸関数になる関数）であった．もし，目的関数が x^4 であれば，停留点 $x = 0$ は $\min \ x^4$ の局所的最小解となる，つまり，最適性の1次の必要条件が十分条件になっている．このことを一般化すれば，「目的関数が凸関数である制約なし最小化問題においては，最適性の1次の必要条件は十分条件でもある」と期待される．以下ではこのことを示す．

目的関数 $f : R^n \to R$ は凸関数で，点 $x^* \in R^n$ において $\nabla f(x^*) = 0$ が成り立つとしよう．一般に，凸関数の性質（ⅰ）(式 (3.6)) より，任意の点 $x \in R^n$ に対して

$$f(x) - f(x^*) \geq \nabla f(x^*)^T (x - x^*)$$

であるから，$\nabla f(x^*) = 0$ より，この不等式の右辺は0である．よって

$$f(x^*) \leq f(x)$$

となるが，x は任意であったので，これは x^* が大域的最小解であることを示している．以上のことをまとめると，次の定理を得る．

定理 4.2 目的関数 f が凸関数であれば，制約なし最小化問題 (4.1) に対する最適性の 1 次の必要条件 (4.2) を満たす点 (停留点) は大域的最小解である．

例題 4.1 最小二乗問題 (1.7) の解 a, b を求めよ．

解答 例題 3.2 で見たように最小二乗問題 (1.7) は凸計画問題であるから，停留点はこの問題の大域的最小解となる．$f(a, b) = (a^T, b) Q (a^T, b)^T + q^T (a^T, b)^T$ とすれば，最適性の 1 次の必要条件は

$$0 = \nabla f(a, b) = 2Q(a^T, b)^T + q$$

と表されるので，Q が正則であれば

$$\begin{pmatrix} a \\ b \end{pmatrix} = -\frac{1}{2} Q^{-1} q$$

となる．なお，データ数が十分多いとき，Q は普通，正則であると期待できる．

次に，目的関数が凸関数でない一般の場合に対して最適性の十分条件を考えてみよう．x^* のまわりで f が (狭義の) 凸関数であり，1 次の必要条件が成り立っていれば，上記の定理より，x^* は局所的最小解であると考えられる (図 4.1)．

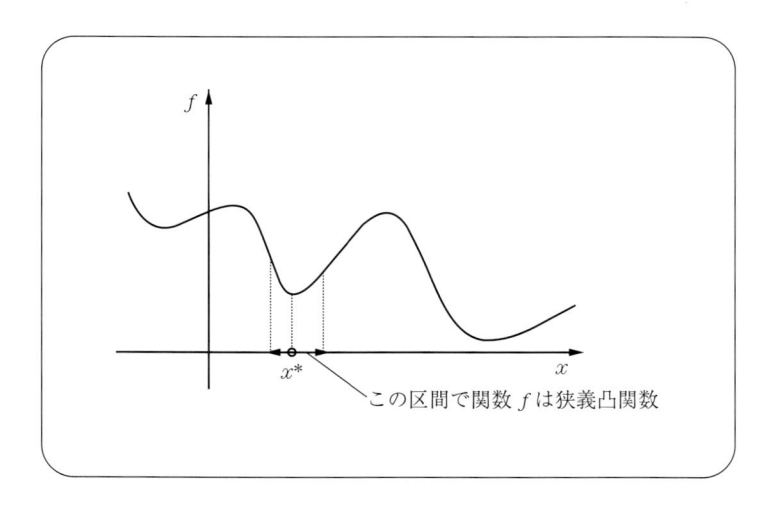

図 4.1 最適性の十分条件と目的関数の凸性

関数 f が x^* のまわりで狭義の凸関数であるための十分条件は，x^* における f のヘッセ行列が正定値となることである．よって，最適性の十分条件は以下のように与えられる．

定理 4.3 f を 2 回連続的微分可能関数とする．点 $x^* \in R^n$ において

$$\nabla f(x^*) = 0$$

が成り立ち，$\nabla^2 f(x^*)$ は正定値行列であるとする (**最適性の 2 次の十分条件**)．このとき，x^* は制約なし最小化問題 (4.1) の狭義の局所的最小点となる．

証明 $\nabla^2 f(x^*)$ は正定値行列であるから，正定値行列の性質 (2.3) より，ある正の定数 λ が存在して，任意のベクトル $d \in R^n$ に対して次の不等式が成立する．

$$d^T \nabla^2 f(x^*) d \geqq \lambda \|d\|^2$$

よって，テイラー展開より

$$f(x^* + d) - f(x^*) = \nabla f(x^*)^T d + \frac{1}{2} d^T \nabla^2 f(x^*) d + o(\|d\|^2) \geqq \frac{\lambda}{2}\|d\|^2 + o(\|d\|^2) \quad (4.5)$$

を得る．オーダー記号 $o(\cdot)$ の定義より，$\|d\| \leqq \varepsilon$ であるようなすべての d に対して

$$\frac{\lambda}{2}\|d\|^2 + o(\|d\|^2) \geqq \frac{\lambda}{4}\|d\|^2$$

となる $\varepsilon > 0$ が存在する．ここで，$\|d\| \leqq \varepsilon$ であることと $x^* + d \in B(x^*, \varepsilon)$ が等価であることに注意すると，式 (4.5) より

$$f(x) - f(x^*) \geqq \frac{\lambda}{4}\|x - x^*\|^2 \quad \forall x \in B(x^*, \varepsilon)$$

が成り立つ．よって，x^* は制約なし最小化問題 (4.1) の狭義の局所的最小解である．

前節で考えた問題 (4.3) では

$$\nabla^2 f(0,0) = \begin{pmatrix} 2 & 0 \\ 0 & 4 \end{pmatrix}$$

は正定値行列であるから，確かに 2 次の十分条件が成り立っている．一方，問題 (4.4) の $f(x) = -x^4$ に対しては，$\nabla^2 f(0) = 0$ なので 2 次の十分条件が成り立っていない．

☕ 談 話 室 ☕

局所的最小値と増減表　1 変数関数 f の極小値 (本書では局所的最小値と呼ぶ) は増減表を使うことによって見つけることができる．$x = a$ において $f'(a) = 0$ かつ $f''(a) > 0$ であれば，a のまわりの増減表は**表 4.1** のように書け，これより $x = a$ において関数 f が極小になることがわかる．つまり，条件 $f'(a) = 0$ かつ $f''(a) > 0$ は $x = a$ が局所的最小解であるための十分条件である．この条件を多変数関数に一般化した条件が 2 次の十分条件である．

表 4.1　増　減　表

x		a	
$f'(x)$	$-$	0	$+$
$f(x)$	↘	$f(a)$	↗

例題 4.2　関数 $f(x) = x_1^2 - x_1 x_2 + x_1 x_2^2$ の局所的最小解をすべて求めよ．

解答　まず，関数 f の停留点を求める．

$$\nabla f(x) = \begin{pmatrix} 2x_1 - x_2 + x_2^2 \\ -x_1 + 2x_1 x_2 \end{pmatrix} = 0$$

より，停留点は $x = (0,0)^T$, $x = (0,1)^T$, $x = (1/8, 1/2)^T$ の三つである．また，それぞれの点におけるヘッセ行列は

$$\nabla^2 f(0,0) = \begin{pmatrix} 2 & -1 \\ -1 & 0 \end{pmatrix}, \quad \nabla^2 f(0,1) = \begin{pmatrix} 2 & 1 \\ 1 & 0 \end{pmatrix}, \quad \nabla^2 f(1/8, 1/2) = \begin{pmatrix} 2 & 0 \\ 0 & \frac{1}{4} \end{pmatrix}$$

となる．ここで，$\nabla^2 f(0,0)$ と $\nabla^2 f(0,1)$ は半正定値行列ではない．よって最適性の 2 次の必要条件を満たさないので，$x = (0,0)^T$ と $x = (0,1)^T$ は局所的最小解ではない．一方，$\nabla^2 f(1/8, 1/2)$ は正定値行列であるから，最適性の 2 次の十分条件を満たす．よって，この問題の局所的最小解は $x = (1/8, 1/2)^T$ だけである．

本章のまとめ

❶ **最適性の必要条件**　(局所的) 最小解において成立する条件．

❷ **最適性の十分条件**　その条件を満たす点は (局所的) 最小解となる．

❸ **最適性の 1 次の必要条件**　$\nabla f(x^*) = 0$

❹ **最適性の 2 次の必要条件**　$\nabla f(x^*) = 0$ かつ $\nabla^2 f(x^*)$ は半正定値行列．

❺ **最適性の 2 次の十分条件**　$\nabla f(x^*) = 0$ かつ $\nabla^2 f(x^*)$ は正定値行列．

❻ **停留点**　最適性の 1 次の必要条件を満たす点．

4. 制約なし最小化問題に対する最適性の条件

●理解度の確認●

問 4.1 $t > 0$ において次の不等式が成り立つことを示せ.

$$t - \log t - 1 \geqq 0$$

問 4.2 次の問題の停留点を求めよ. さらに, 求めた停留点が 2 次の十分条件, あるいは 2 次の必要条件を満たすかどうかを調べよ.

$$\min \quad x^4 - 4x^3 + 4x^2 + 1$$
$$\text{s.t.} \quad x \in R$$

問 4.3 $x^* = (0,0)^T$ が次の問題の局所的最小解となるために a, b, c が満たすべき条件を調べよ.

$$\min \quad ax_1^2 + bx_2^2 + 2cx_1x_2$$
$$\text{s.t.} \quad x \in R^2$$

5 制約付き最小化問題に対する最適性の条件

この章では制約付き最小化問題に対する最適性の条件を解説する．最適性の1次の必要条件は Karush-Kuhn-Tucker（KKT）条件と呼ばれ，数理計画法の最も重要な理論的結果の一つである．凸計画問題においてはKKT条件を満たす点は大域的最小解となる．また，逐次2次計画法や内点法など多くの解法はKKT条件を満たす点を求める手法である．このため，KKT条件を理解することは，理論面だけでなく，解法の設計において重要である．

5.1 制約付き最小化問題に対する最適性の1次の条件

この節では，制約付き最小化問題に対する最適性の 1 次の条件を与え，その意味を考える．次に，その条件が凸計画問題に対しては十分条件となること示す．

次の制約付き最小化問題を考える．

$$
\begin{aligned}
\min \quad & f(x) \\
\text{s.t.} \quad & h_i(x) = 0 \quad (i = 1, \ldots, m) \\
& g_j(x) \leqq 0 \quad (j = 1, \ldots, r)
\end{aligned}
\tag{5.1}
$$

この問題の最適性の条件を与える前に，制約条件に関するいくつかの概念を定義しよう．与えられた点 $x \in R^n$ において，$g_j(x) = 0$ が成立する不等式制約の添字 j からなる集合 $A(x) = \{j \mid g_j(x) = 0\}$ を点 x における**有効集合**と呼ぶ．次に制約条件の "性質のよさ" を表す条件を定義する．

> **スレイター (Slater) の制約想定** 制約関数 h_i $(i = 1, \ldots, m)$ は 1 次関数であり，g_j $(j = 1, \ldots, r)$ は凸関数である．さらに $h_i(x^0) = 0$ $(i = 1, \ldots, m)$ かつ $g_j(x^0) < 0$ $(j = 1, \ldots, r)$ となる点 x^0 が存在する．
>
> **1 次独立制約想定** 実行可能解 x において，$\nabla h_i(x)$ $(i = 1, \ldots, m)$ と $\nabla g_j(x)$ $(j \in A(x))$ は 1 次独立である．

制約想定は Constraint Qualification の日本語訳である．1 次独立制約想定は英語で Linearly Independent Constraint Qualification ということから，以下では **LICQ** と略すことにする．

LICQ はいま考えている点 x に依存する条件である．すなわち，ある問題において，LICQ がある点 (実行可能解) に対して成立するが，別の点に対して成立しないということがありうる．これに対して，スレイターの制約想定は凸計画問題の制約条件に対する大域的性質を表す性質であり，LICQ のようにおのおのの点における局所的性質にかかわるものではない．また，この二つの制約想定は，一方が他方を包含する条件ではない．例として，次の不等式制約を考えてみよう．

$$g_1(x) = x_1^2 + x_2^2 - 1 \leqq 0, \quad g_2(x) = x_2 - 1 \leqq 0$$

g_1 と g_2 は凸関数であり，$x^0 = (0,0)^T$ において $g_1(x^0) < 0$ かつ $g_2(x^0) < 0$ となるので，スレイターの制約想定が成り立つ．一方，$x^* = (0,1)^T$ では，$A(x^*) = \{1,2\}$ であり，$\nabla g_1(x^*) = (0,2)^T$, $\nabla g_2(x^*) = (0,1)^T$ となるので，LICQ は成り立たない[†1]．逆に，LICQ は凸計画問題に限定された条件ではないので，スレイターの制約想定が成り立たないときでも成立する[†2]．

スレイターの制約想定または LICQ が成り立つとき，問題 (5.1) の最適性の 1 次の必要条件は以下のように与えられる．

定理 5.1 点 x^* を問題 (5.1) の局所的最小解とする．スレイターの制約想定が成り立つか，あるいは x^* において LICQ が成り立つとき，次の等式と不等式を満たすベクトル $\lambda^* \in R^m$ と $\mu^* \in R^r$ が存在する．

$$\nabla f(x^*) + \sum_{i=1}^{m} \lambda_i^* \nabla h_i(x^*) + \sum_{j=1}^{r} \mu_j^* \nabla g_j(x^*) = 0 \tag{5.2}$$

$$h_i(x^*) = 0 \quad (i = 1, \ldots, m) \tag{5.3}$$

$$\mu_j^* \geqq 0, \quad g_j(x^*) \leqq 0, \quad g_j(x^*)\mu_j^* = 0 \quad (j = 1, \ldots, r) \tag{5.4}$$

最適性の 1 次の必要条件 (5.2)〜(5.4) を問題 (5.1) の **Karush-Kuhn-Tucker 条件**または **KKT 条件**と呼ぶ (Karush, Kuhn, Tucker はこの条件を発見した研究者の名前である)．また条件 (5.4) を特に**相補性条件**と呼ぶ．これは，条件 (5.4) が成り立つとき，$\mu_j^* = 0$ または $g_j(x^*) = 0$ という μ_j^* と $g_j(x^*)$ の間に "相補的な" 関係が成り立つからである．条件 (5.4) に加えて，すべての j に対して $\mu_j^* - g_j(x^*) > 0$ が成り立つとき，**狭義の相補性条件**が成り立つという[†3]．KKT 条件を満たすベクトルの組 (x^*, λ^*, μ^*) を **KKT 点**と呼ぶ．

☕ 談 話 室 ☕

Kuhn-Tucker 条件 KKT 条件は，1951 年に H.W. Kuhn と A.W. Tucker が学会で発表したことにより，広く知れわたることになった．そのため，古い教科書では，KKT 条件を Kuhn-Tucker 条件と呼ぶものもある．しかし，その後，W. Karush が 1939 年に書いた修士論文において，実質的に同じ条件をすでに発見していたことがわかった．そこ

[†1] ただし，点 $x^* = (0,1)^T$ 以外のすべての実行可能解において LICQ が成り立つ．
[†2] 凸計画問題においてはスレイターの制約想定はたいていの場合に成り立つと期待できるし，一般の非線形計画問題においても LICQ はあまり厳しい条件ではない．むしろ制約想定が成り立たない問題は例外的な問題と見なすことができる．
[†3] 狭義の相補性条件とは，$\mu_j^* = 0$ かつ $g_j(x^*) = 0$ であるような j は存在しないことを意味する．

> で，現在では Karush の名前を加えて Karush-Kuhn-Tucker 条件と呼んでいる．Karush の研究成果が公の場で発表されていたら，KKT 条件は Karush 条件と呼ばれていたかもしれない．

次に定義する関数 $L: R^{n+m+r} \to R$ を問題 (5.1) の**ラグランジュ関数**と呼ぶ．

$$L(x, \lambda, \mu) = f(x) + \sum_{i=1}^{m} \lambda_i h_i(x) + \sum_{j=1}^{r} \mu_j g_j(x)$$

ラグランジュ関数を用いると，KKT 条件の式 (5.2) と式 (5.3) は

$$\nabla_x L(x^*, \lambda^*, \mu^*) = 0, \quad \nabla_\lambda L(x^*, \lambda^*, \mu^*) = 0$$

と書くことができる．λ^* を**等式制約に対するラグランジュ乗数**，μ^* を**不等式制約に対するラグランジュ乗数**と呼ぶ．6 章で見るように，ラグランジュ乗数は双対問題の決定変数に対応する．

制約想定が成り立たないときには，x^* が局所的最小解であっても，KKT 条件を満たすラグランジュ乗数が存在しないことがある．次の例を考えてみよう．

$$\begin{aligned} \min \quad & x \\ \text{s.t.} \quad & x^2 = 0 \end{aligned}$$

この問題の実行可能解は $x = 0$ のみであるから，大域的最小解は $x^* = 0$ である．$f(x) = x$，$h_1(x) = x^2$ とすると，$\nabla h_1(0) = 0$ であるから，LICQ は成り立たない．また，$h_1(x)$ は 1 次関数ではないので，スレイターの制約想定も成り立たない．一方，$\nabla f(0) = 1$ であり，$\nabla_x L(x^*, \lambda^*) = 1 + \lambda^* \times 0 = 1$ であるから，KKT 条件を満たす λ^* は存在しない．

以下では，いくつかの場合にわけて KKT 条件の意味を考えてみよう．

（1）制約なしの場合 制約条件がないとき，KKT 条件は

$$\nabla f(x^*) = 0$$

となる．これは制約なし最小化問題の最適性の 1 次の必要条件にほかならない．このことより，制約なし最小化問題の 1 次の必要条件は，KKT 条件の特別な場合であるといえる．

（2）等式制約のみの場合 KKT 条件は

$$\nabla f(x^*) + \sum_{i=1}^{m} \lambda_i^* \nabla h_i(x^*) = 0, \quad h_i(x^*) = 0 \quad (i = 1, \ldots, m)$$

となる．2番目の条件は x^* の実行可能性を表しているので，1番目の条件が最適性に関して重要となる．この式は $\nabla f(x^*)$ が $\nabla h_i(x^*)$ $(i = 1, \ldots, m)$ の1次結合で表されることを意味している．

ここでは図 **5.1** を用いて $m = 1$ のときの KKT 条件を考えてみよう．図 (a) のように x^* が局所的最小解であれば，$-\nabla f(x^*)$ は $\nabla h_1(x^*)$ の定数倍で表される．逆に，図 (b) のように，$-\nabla f(x^*)$ が $\nabla h_1(x^*)$ の定数倍で表すことができないときは，x^* は局所的最小解とはならない．実際，図 (b) からわかるように，$h_1(\bar{x}) = 0$ であり $-\nabla f(x^*)^T(\bar{x} - x^*) > 0$ となる（つまり $\bar{x} - x^*$ と $-\nabla f(x^*)$ のなす角が鋭角となる）点 $\bar{x}$ が x^* のそばに存在する．目的関数 f を x^* のまわりでテイラー展開すれば

$$f(\bar{x}) = f(x^*) + \nabla f(x^*)^T(\bar{x} - x^*) + o(\|\bar{x} - x^*\|)$$

となり，$\bar{x}$ が x^* に近いときには $f(\bar{x}) < f(x^*)$ となる．このことは，x^* が局所的最小解でないことを意味している．

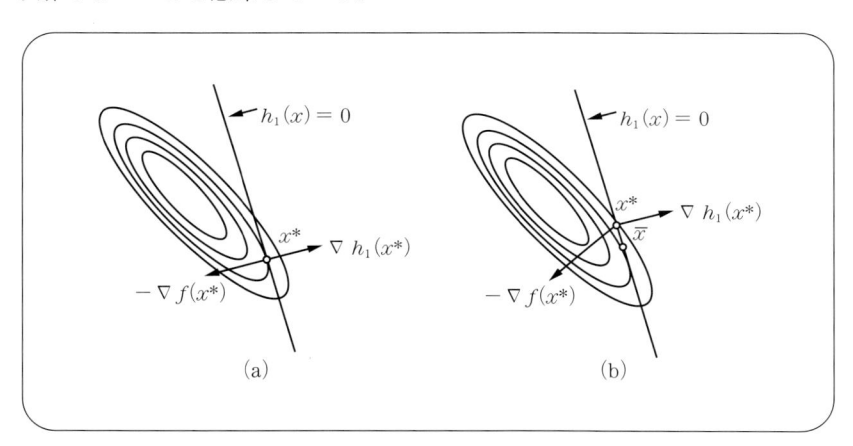

図 **5.1** 等式制約付き最小化問題に対する **KKT** 条件

☕ 談 話 室 ☕

ラグランジュの未定乗数法　　等式制約条件 $h(x) = 0$ の下で関数 f の最小点を求める古典的な手法に**ラグランジュの未定乗数法**がある．これはラグランジュ関数

$$L(x, \lambda) = f(x) + \lambda^T h(x)$$

を x と λ で微分して得られる連立方程式

$$\nabla_x L(x, \lambda) = 0, \quad \nabla_\lambda L(x, \lambda) = 0 \tag{5.5}$$

を満たす点 (x, λ) を求める方法である．ここで，$\nabla_x L(x, \lambda) = \nabla f(x) + \sum_{i=1}^{m} \lambda_i \nabla h_i(x)$，$\nabla_\lambda L(x, \lambda) = h(x)$ であることに注意すると，ラグランジュの未定乗数法で解く方程式 (5.5) は等式制約最小化問題の KKT 条件であることがわかる．KKT 条件はラグランジュの未定乗数法を不等式制約も含む最小化問題に拡張したものということができる．

(3) **不等式制約のみの場合**　図 5.2 で表される物理現象を考えると KKT 条件を理解しやすい．この図は，地点 x の高さが $f(x)$ で与えられる凹地に置かれたボールの力学的な平衡状態を表している．ただし，ボールは $g_j(x) = 0$ $(j = 1, 2, 3)$ で表される三つの壁によって囲われた領域にあり[†]，ボールが静止している場所 $x^* = (x_1^*, x_2^*)^T$ はこの領域内で最も低い地点，すなわち $f(x)$ が最小となる点であり，そこではボールは壁 1 と壁 2 に押さえられて，それより下に転がり落ちることができない．このとき，ボールにかかる力は均衡している．$-\nabla f(x^*)$ を重力による力，$-\mu_j^* \nabla g_j(x^*)$ を壁 j $(j = 1, 2, 3)$ から受ける反作用の力と考えると，式 (5.2) は静止している場所 x^* での力の均衡を表していると見なせる．ここで，ボールが壁 3 に接していないこと $(g_3(x^*) < 0)$ は式 (5.4) で $\mu_3^* = 0$ となることを意味している．

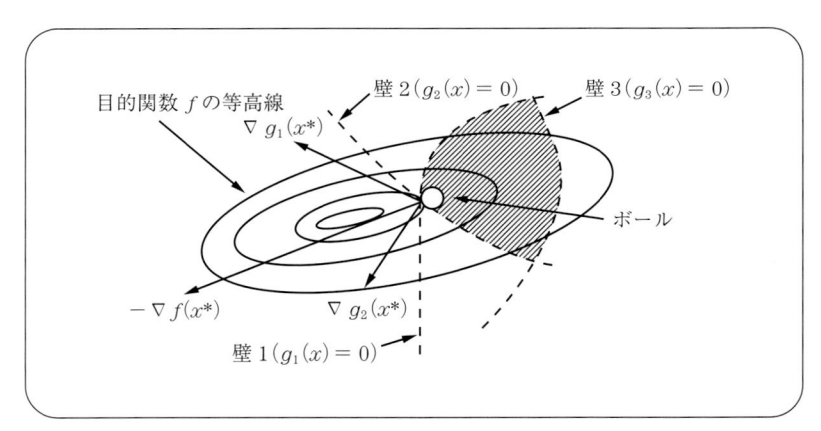

図 5.2　不等式制約付き最小化問題に対する KKT 条件の物理的解釈

制約なし最小化問題の最適性の 1 次の条件と同様に，凸計画問題においては KKT 条件が最適性の十分条件になる．

[†] 三つの壁で囲われた領域は不等式制約 $g_j(x) \leq 0$ $(j = 1, 2, 3)$ で表される．

定理 5.2 f と g_j $(j = 1, \ldots, r)$ は凸関数であり，h_i $(i = 1, \ldots, m)$ は 1 次関数であるとする．そのとき，(x^*, λ^*, μ^*) が KKT 点であれば，x^* は問題 (5.1) の大域的最小解である．

証明 (x^*, λ^*, μ^*) を KKT 点とする．まず，式 (5.3) と式 (5.4) より x^* は実行可能解であることに注意する．次に，x を任意の実行可能解とする．f は凸関数であるから，凸関数の性質 (ii) より

$$f(x) - f(x^*) \geqq \nabla f(x^*)^T (x - x^*)$$

が成り立つ．さらに，KKT 条件 (5.2) より，この不等式は

$$f(x) - f(x^*) \geqq \left(-\sum_{i=1}^{j} \lambda_i^* \nabla h_i(x^*) - \sum_{j=1}^{r} \mu_j^* \nabla g_j(x^*) \right)^T (x - x^*)$$

$$= -\sum_{i=1}^{m} \lambda_i^* \nabla h_i(x^*)^T (x - x^*) - \sum_{j=1}^{r} \mu_j^* \nabla g_j(x^*)^T (x - x^*) \quad (5.6)$$

となる．ここで，右辺が 0 以上になることを示す．h_i は 1 次関数であるから，あるベクトル $a^i \in R^n$ とスカラー $b_i \in R$ を用いて，$h_i(x) = (a^i)^T x - b_i$ と表すことができる．このとき，$\nabla h_i(x^*) = a^i$ であり，x と x^* の実行可能性より $h_i(x) = h_i(x^*) = 0$ である．よって

$$0 = h_i(x) - h_i(x^*) = (a^i)^T (x - x^*) = \nabla h_i(x^*)^T (x - x^*)$$

となるので

$$\sum_{i=1}^{m} \lambda_i^* \nabla h_i(x^*)^T (x - x^*) = 0 \quad (5.7)$$

が導かれる．次に式 (5.6) の右辺第 2 項を調べる．g_j は凸関数であるから

$$g_j(x) - g_j(x^*) \geqq \nabla g_j(x^*)^T (x - x^*)$$

を得る．$g_j(x) \leqq 0$ に注意すると，$g_j(x^*) = 0$ であるような j に対して

$$0 \geqq g_j(x) = g_j(x) - g_j(x^*) \geqq \nabla g_j(x^*)^T (x - x^*)$$

が成り立つ．さらに，$\mu_j^* \geqq 0$ であるから，$\mu_j^* \nabla g_j(x^*)^T (x - x^*) \leqq 0$ となる．一方，$g_j(x^*) < 0$ であるような j に対しては，KKT 条件の式 (5.4) より $\mu_j^* = 0$ であるから，$\mu_j^* \nabla g_j(x^*)^T (x - x^*) = 0$ となる．以上のことをまとめると

$$\sum_{j=1}^{r} \mu_j^* \nabla g_j(x^*)^T (x - x^*) \leqq 0$$

であることがわかる．この式と式 (5.6), (5.7) より，任意の実行可能解 x に対して

$$f(x) - f(x^*) \geqq 0$$

が成り立つ．すなわち，x^* は大域的最小解である．

上の証明においては制約想定は不要であることに注意しよう．

この定理より，凸計画問題では，KKT 点を求めることができれば，大域的最小解が得られる．この性質を使って，以下の問題を解いてみよう．

例題 5.1 KKT 条件を用いて，次の凸計画問題の大域的最小解を求めよ．

$$\min \quad x_1^2 + x_2^2$$
$$\text{s.t.} \quad -x_1 - x_2 + 1 \leq 0$$

解答 この問題の KKT 条件は

$$\begin{pmatrix} 2x_1 - \mu \\ 2x_2 - \mu \end{pmatrix} = 0 \tag{5.8}$$

$$-x_1 - x_2 + 1 \leq 0, \ \mu \geq 0, \ \mu(-x_1 - x_2 + 1) = 0 \tag{5.9}$$

と書ける．式 (5.8) より，$x_1 = x_2 = \mu/2$ である．これを式 (5.9) に代入すると

$$1 \leq \mu, \ \mu \geq 0, \ \mu(1 - \mu) = 0$$

となる．$\mu \geq 1$ であるから，3 番目の等式より $\mu = 1$ を得る．このとき，$(x_1, x_2, \mu) = (1/2, 1/2, 1)$ となり，この点は KKT 条件を満たす．この問題は凸計画問題であるから，$(x_1, x_2) = (1/2, 1/2)$ は大域的最小解である．

例題 5.2 （相加平均－相乗平均） $x_i > 0 \ (i = 1, \ldots, n)$ であれば

$$(x_1 x_2 \cdots x_n)^{1/n} \leq \frac{1}{n} \sum_{i=1}^{n} x_i \tag{5.10}$$

が成り立つことを示せ．

解答 次の問題を考えよう．

$$\begin{aligned} \min \quad & \sum_{i=1}^{n} x_i \\ \text{s.t.} \quad & x_1 x_2 \ldots x_n = \alpha^n \\ & x_i > 0 \quad (i = 1, \ldots, n) \end{aligned} \tag{5.11}$$

ここで α は任意に選んだ正の定数である．この問題の大域的最小解を x^* とする．そのとき，$\sum_{i=1}^{n} x_i^* = n\alpha$ が成り立つことを示す．もしそうであれば，問題 (5.11) の任意の実行可能解 x に対して

$$(x_1 x_2 \cdots x_n)^{1/n} = \alpha = \frac{1}{n} \sum_{i=1}^{n} x_i^* \leq \frac{1}{n} \sum_{i=1}^{n} x_i$$

が成り立つ．α は任意であるから，式 (5.10) が成り立つことがいえる．

問題 (5.11) の大域的最小解を求めよう．残念ながら，問題 (5.11) は凸計画問題ではないので，定理 5.2 を使うことができない．そこで，次のように，問題 (5.11) を等価な凸計画問題に変換する．$x_i > 0$ であるから

$$y_1 = \log(x_1), \quad y_2 = \log(x_2), \quad \ldots, \quad y_n = \log(x_n) \tag{5.12}$$

と変数変換を行う．この変数変換によって，問題 (5.11) は次のように書き換えられる．

$$\begin{aligned} \min \quad & \sum_{i=1}^n e^{y_i} \\ \text{s.t.} \quad & \sum_{i=1}^n y_i = n \log \alpha \end{aligned} \tag{5.13}$$

この問題の KKT 条件は

$$\begin{pmatrix} e^{y_1} \\ \vdots \\ e^{y_n} \end{pmatrix} + \lambda \begin{pmatrix} 1 \\ \vdots \\ 1 \end{pmatrix} = 0, \quad \sum_{i=1}^n y_i = n \log \alpha$$

となるので，これを解いて $y_i^* = \log \alpha \ (i=1,\ldots,n)$, $\lambda^* = -\alpha$ を得る．問題 (5.13) は凸計画問題であるから，$y^* = (\log \alpha, \ldots, \log \alpha)^T$ は大域的最小解である．よって，元の問題 (5.11) の大域的最小解 x^* は，式 (5.12) より，$x^* = (\alpha, \alpha, \ldots, \alpha)^T$ となり，最小値は $\sum_{i=1}^n x_i^* = n\alpha$ となることが示せた．

制約付き最小化問題に対する多くの解法は KKT 点に収束する点列を生成する反復法である．したがって，そのような反復法の終了条件として KKT 条件を用いるのは自然である．ここで，次の関数 $F: R^{n+m+r} \to R^{n+m+r}$ を考える．

$$F(x, \lambda, \mu) := \begin{pmatrix} \nabla_x L(x, \lambda, \mu) \\ h(x) \\ \min\{\mu_1, -g_1(x)\} \\ \vdots \\ \min\{\mu_r, -g_r(x)\} \end{pmatrix}$$

容易に確かめられるように，(x, λ, μ) が KKT 点であることと $F(x, \lambda, \mu) = 0$ となることは等価である．よって，制約付き最小化問題に対する反復法の終了条件として

$$\|F(x, \lambda, \mu)\| \leqq \varepsilon$$

を用いることができる．ここで $\varepsilon > 0$ は許容できる近似解の精度を表す定数である．

5.2 制約付き最小化問題に対する最適性の2次の条件

この節では，制約付き最小化問題の最適性の 2 次の条件を与える．制約付き最小化問題では，ラグランジュ関数の x に関するヘッセ行列が重要な役割を果たす．

制約なし最小化問題と同様に，制約付き最小化問題の最適性の 2 次の条件は，1 次の条件 (KKT 条件) が成り立つことが前提となる．そこで，この節では KKT 点 (x^*, λ^*, μ^*) が存在すると仮定する．

まず，最適性の 2 次の必要条件を以下に与える．

定理 5.3 (x^*, λ^*, μ^*) を制約付き最小化問題 (5.1) の KKT 点とし，点 x^* において LICQ が成り立つとする．そのとき，任意の $d \in V(x^*)$ に対して

$$d^T \nabla_x^2 L(x^*, \lambda^*, \mu^*) d \geqq 0 \tag{5.14}$$

が成り立つ．ただし

$$V(x^*) = \{d \in R^n \mid \nabla h_i(x^*)^T d = 0 \ (i=1,\ldots,m), \ \nabla g_j(x^*)^T d = 0 \ (j \in A(x^*))\}$$

である．

条件 (5.14) を制約付き最小化問題 (5.1) に対する**最適性の 2 次の必要条件**という．

次に制約付き最小化問題に対する 2 次の十分条件を与えよう．

定理 5.4 (x^*, λ^*, μ^*) を制約付き最小化問題 (5.1) の KKT 点とし，狭義の相補性が成り立つと仮定する．さらに点 x^* において LICQ が成り立つとする．そのとき，0 でない任意のベクトル $d \in V(x^*)$ に対して

$$d^T \nabla_x^2 L(x^*, \lambda^*, \mu^*) d > 0 \tag{5.15}$$

が成り立てば，x^* は狭義の局所的最小解である．ただし，$V(x^*)$ は定理 5.3 で定義した集合である．

5.2 制約付き最小化問題に対する最適性の2次の条件

条件 (5.15) を制約付き最小化問題 (5.1) に対する**最適性の 2 次の十分条件**という．

制約関数を x^* において 1 次近似した関数で置き換えた制約条件

$$\left.\begin{array}{l} h_i(x^*) + \nabla h_i(x^*)^T(x - x^*) = 0 \quad (i = 1, \ldots, m) \\ g_j(x^*) + \nabla g_j(x^*)^T(x - x^*) \leqq 0 \quad (j = 1, \ldots, r) \end{array}\right\} \quad (5.16)$$

を考える．$h_i(x^*) = 0$ $(i = 1, \ldots, m)$, $g_j(x^*) \leqq 0$ $(j = 1, \ldots, r)$ であることに注意すると，点 x^* からベクトル $d \in V(x^*)$ の方向へ少しだけ移動した点は近似した条件 (5.16) を満たすことがわかる．最適性の 2 次の必要条件はそのような方向 $d \in V(x^*)$ に対して，ラグランジュ関数の x に関するヘッセ行列 $\nabla_x^2 L(x^*, \lambda^*, \mu^*)$ が半正定値になることを意味している．一方，最適性の 2 次の十分条件では，より強い条件である正定値性を要求している．

制約なし最小化問題ではラグランジュ関数は目的関数そのものであり，さらに $V(x^*) = R^n$ となるから，制約なし最小化問題の最適性の 2 次の必要条件と十分条件は，それぞれ式 (5.14) と式 (5.15) の特別な場合と考えられる．

最適性の 2 次の条件を用いて，凸でない次の問題を解いてみよう．

例題 5.3 1.1 節の問題 A の最小解を求めよ．

解答 問題 A は

$$\begin{array}{ll} \min & -x_1 x_2 \\ \text{s.t.} & x_1 + x_2 = 5 \\ & x_1 \geqq 0, \ x_2 \geqq 0 \end{array}$$

と書ける．この問題の KKT 条件は以下のようになる．

$$-x_2 + \lambda - \mu_1 = 0$$
$$-x_1 + \lambda - \mu_2 = 0$$
$$x_1 + x_2 = 5$$
$$x_1 \geqq 0, \quad \mu_1 \geqq 0, \quad x_1 \mu_1 = 0$$
$$x_2 \geqq 0, \quad \mu_2 \geqq 0, \quad x_2 \mu_2 = 0$$

いま仮りに $x_1 = 0$ とすれば，$x_2 = 5$, $\mu_2 = 0$, $\lambda = 0$, $\mu_1 = -5$ となり，$\mu_1 \geqq 0$ に反する．よって，$x_1 > 0$ かつ $\mu_1 = 0$ である．同様にして，$x_2 > 0$ かつ $\mu_2 = 0$ であることがいえる．このとき，$x_1 = x_2 = \lambda$ であり，$x_1 + x_2 = 5$ であることから，$x_1 = x_2 = \lambda = 5/2$ となる．したがって，KKT 点は $(x_1^*, x_2^*, \lambda^*, \mu_1^*, \mu_2^*) = (5/2, 5/2, 5/2, 0, 0)$ で与えられる．しかし，この問題は凸計画問題ではない (目的関数は凸関数でない) ので，点 x^* が最小解であるという保証はない．そこで，2 次の条件を調べる．$x_1^* > 0$ かつ $x_2^* > 0$ であるから，有効集合は $A(x^*) = \emptyset$ となる．よって，$V(x^*) = \{d \in R^2 \mid d_1 + d_2 = 0\} = \{(d_1, -d_1)^T \mid d_1 \in R\}$ である．一方

$$\nabla_x^2 L(x^*, \lambda^*, \mu^*) = \begin{pmatrix} 0 & -1 \\ -1 & 0 \end{pmatrix}$$

であるから，0 でない任意のベクトル $d \in V(x^*)$ に対して

$$d^T \nabla_x^2 L(x^*, \lambda^*, \mu^*)d = (d_1, -d_1)\begin{pmatrix} 0 & -1 \\ -1 & 0 \end{pmatrix}\begin{pmatrix} d_1 \\ -d_1 \end{pmatrix} = 2d_1^2 > 0$$

となる．これは 2 次の十分条件が成り立つことを示している．よって，$x^* = (5/2, 5/2)^T$ は問題 A の局所的最小解である．さらに，x^* は唯一の KKT 点であるから，これ以外に局所的最小解は存在しない．したがって x^* は大域的最小解である．

本章のまとめ

❶ **制約想定**　局所的最小解において 1 次の必要条件 (KKT 条件) が成り立つことを保証するために制約条件に課せられた条件．

❷ **有効集合**　実行可能解において等号が成り立っている不等式制約の集合．

❸ **ラグランジュ関数**　目的関数と制約関数の加重和として表される関数．制約関数にかかる重みのベクトルをラグランジュ乗数と呼ぶ．

❹ **KKT 条件**　制約付き最小化問題の最適性の 1 次の必要条件．凸計画問題においては最適性の十分条件にもなる．

●理解度の確認●

問 5.1　凸計画問題において，スレイターの制約想定が成り立たない例を挙げよ．

問 5.2　次の問題の KKT 点を求めよ．

$$\begin{aligned} \min \quad & 2x_1^2 + x_2^2 + x_1 x_2 \\ \text{s.t.} \quad & x_1 + x_2 = 1 \\ & x_1 \geq 0 \end{aligned}$$

問 5.3　次の問題の KKT 点を求めよ．さらに，最適性の 2 次の条件を用いて，それらの KKT 点が局所的最小解であるかどうかを調べよ．

$$\begin{aligned} \min \quad & -x_1^2 - x_2^2 \\ \text{s.t.} \quad & x_1 + x_2 = 1 \\ & x_1 \geq 0, x_2 \geq 0 \end{aligned}$$

6 双対問題

本章では，与えられた数理計画問題（最小化問題）に対して，ラグランジュの双対問題と呼ばれる最大化問題を定義し，元の問題と双対問題の間に成り立つ関係を説明する．さらに，双対問題が役に立ついくつかの例を紹介する．

6.1 双対問題

この節では,数理計画問題に対するラグランジュの双対問題を導出する.

線形計画問題

$$\begin{array}{ll} \min & c^T x \\ \text{s.t.} & Ax = b \\ & x \geqq 0 \end{array} \tag{6.1}$$

に対して,次の最大化問題を考えよう.ただし,c は n 次元ベクトル,A は $m \times n$ 行列,b は m 次元ベクトルである.

$$\begin{array}{ll} \max & b^T y \\ \text{s.t.} & A^T y \leqq c \end{array} \tag{6.2}$$

この問題は,目的関数と制約関数が1次関数であるから,線形計画問題である.問題 (6.1) と問題 (6.2) の任意の実行可能解 x と y に対して

$$c^T x - b^T y = c^T x - x^T A^T y = x^T (c - A^T y) \geqq 0$$

が成り立つ.ここで初めの等式には $Ax = b$,最後の不等式には $x \geqq 0$ かつ $A^T y \leqq c$ であることを用いている.この不等式より,問題 (6.1) の最小値は問題 (6.2) の最大値以上であることがわかる.さらに適当な仮定の下で,問題 (6.1) の最小値と問題 (6.2) の最大値は一致する(定理 6.4 参照).このような問題 (6.2) の性質を利用すれば,線形計画問題 (6.1) の効率的な解法を構築できることがある.問題 (6.2) を線形計画問題 (6.1) の**双対問題**という.

以下では,5章で定義したラグランジュ関数を用いて,一般の数理計画問題に対する双対問題を導出する.次の数理計画問題を考えよう.

$$\begin{array}{ll} \min & f(x) \\ \text{s.t.} & x \in X \\ & h_i(x) = 0 \quad (i = 1, \ldots, m) \\ & g_j(x) \leqq 0 \quad (j = 1, \ldots, r) \end{array} \tag{6.3}$$

6.1 双対問題

問題 (6.3) に対して，$(\lambda, \mu) \in R^{m+r}$ を決定変数とする次の最大化問題をラグランジュの **双対問題** あるいは単に **双対問題** という．

(D)　　max　$\omega(\lambda, \mu)$
　　　　s.t.　$\mu \geqq 0$

ここで，目的関数 $\omega : R^{m+r} \to R \cup \{-\infty\}$ は 5.1 節で定義したラグランジュ関数

$$L(x, \lambda, \mu) := f(x) + \lambda^T h(x) + \mu^T g(x)$$

を用いて

$$\omega(\lambda, \mu) := \min_{x \in X} L(x, \lambda, \mu) \tag{6.4}$$

で定義される関数である[†1]．なお，$\min_{x \in X} L(x, \lambda, \mu)$ は，(λ, μ) を固定し，x を決定変数とする最小化問題

　　　min　$L(x, \lambda, \mu)$
　　　s.t.　$x \in X$

の最小値を意味する．双対問題の決定変数 (λ, μ) は，元の問題 (6.3) の制約条件に対するラグランジュ乗数に対応しており，**双対変数** と呼ばれる．

双対問題 (D) と数理計画問題 (6.3) の関係を見てみよう．まず，以下のように問題 (6.3) を $x \in X$ だけを制約条件とする最小化問題に変換する．問題 (6.3) に対して集合 $\Omega \subseteq R^n$ を $\Omega := \{x \in R^n \mid h(x) = 0,\ g(x) \leqq 0\}$ と定義し，関数 $\delta_\Omega : R^n \to R \cup \{+\infty\}$ を以下のように定義する[†2]．

$$\delta_\Omega(x) = \begin{cases} 0 & (x \in \Omega) \\ +\infty & (x \notin \Omega) \end{cases}$$

この関数を用いて，関数 $\theta : R^n \to R \cup \{+\infty\}$ を

$$\theta(x) = f(x) + \delta_\Omega(x)$$

と定義すると，問題 (6.3) は次の最小化問題と等価となる．

(P)　　min　$\theta(x)$
　　　s.t.　$x \in X$

[†1] 関数 ω の値域が $R \cup \{-\infty\}$ となっているのは，$\min_{x \in X} L(x, \lambda, \mu)$ の値が $-\infty$ となる場合があるためである．このように，この最小化問題が最小解をもたないこともあるので，厳密にいえば min ではなく inf と書く必要があるが，本書では簡単のため，つねに min と書くことにする (max の場合も同様)．

[†2] この章では，前出の関数 ω やこの関数 δ_Ω のように値として $\pm\infty$ をとることができる関数を考える．このような関数は拡張実数値関数と呼ばれ，双対問題を議論するのに便利である．

6. 双対問題

以下では，問題 (6.3) の代わりに，等価な問題 (P) を考えることにする．

まず，関数 δ_Ω を関数 g と h を用いて表してみよう．次の関数 $\delta_\mathcal{G} : R^n \to R \cup \{+\infty\}$ は x が $g_j(x) \leq 0$ $(j = 1, \ldots, r)$ を満たすとき値が 0 となり，そうでないときは $+\infty$ となる．

$$\delta_\mathcal{G}(x) = \max_{\mu \geq 0} \mu^T g(x)$$

実際，点 x において $g_j(x) > 0$ となる j が存在すれば，$\mu_j \to \infty$ とすることによって，$\delta_\mathcal{G}(x) = +\infty$ であることがわかる．次に，$\delta_\mathcal{H} : R^n \to R \cup \{+\infty\}$ を以下のように定義する．

$$\delta_\mathcal{H}(x) = \max_{\lambda \in R^m} \lambda^T h(x)$$

関数 $\delta_\mathcal{H}$ は x が $h_i(x) = 0$ $(i = 1, \ldots, m)$ を満たすとき値が 0 となり，そうでないときは $+\infty$ となる．関数 $\delta_\mathcal{H}$ と $\delta_\mathcal{G}$ を足し合わせることによって，関数 δ_Ω を表すことができる．

$$\begin{aligned} \delta_\Omega(x) &= \delta_\mathcal{G}(x) + \delta_\mathcal{H}(x) \\ &= \max_{\mu \geq 0, \lambda \in R^m} \{\lambda^T h(x) + \mu^T g(x)\} \end{aligned}$$

よって，問題 (P) の目的関数 θ は

$$\begin{aligned} \theta(x) &= f(x) + \max_{\mu \geq 0, \lambda \in R^m} \{\lambda^T h(x) + \mu^T g(x)\} \\ &= \max_{\mu \geq 0, \lambda \in R^m} L(x, \lambda, \mu) \end{aligned} \tag{6.5}$$

と表される．つまり，問題 (P) は，ラグランジュ関数を (μ, λ) に関して最大化することによって定義される関数を最小化する問題

$$\begin{aligned} &\min \quad \max_{\mu \geq 0, \lambda \in R^m} L(x, \lambda, \mu) \\ &\text{s.t.} \quad x \in X \end{aligned}$$

と見なすことができる．これに対して，双対問題 (D) はこの最大化と最小化の順番を入れ換えた問題である．

例題 6.1 ラグランジュ関数を用いて，線形計画問題 (6.1) の双対問題 (6.2) を導け．

解答 問題 (6.3) において $f(x) = c^T x$, $h(x) = Ax - b$, $g(x) = -x$, $X = R^n$ とすることにより，問題 (6.1) のラグランジュ関数は

$$\begin{aligned} L(x, \lambda, \mu) &= c^T x + \lambda^T (Ax - b) - \mu^T x \\ &= x^T (c + A^T \lambda - \mu) - b^T \lambda \end{aligned}$$

と書ける．このとき，双対問題は

$$\begin{aligned} &\max \quad \omega(\lambda, \mu) := \min_{x \in R^n} L(x, \lambda, \mu) \\ &\text{s.t.} \quad \mu \geq 0 \end{aligned}$$

となる．この問題の目的関数 ω は次のように簡単に計算することができる．いま，ある λ と μ に対して，$(c + A^T\lambda - \mu)_i \neq 0$ となる i があったとしよう．ここで，パラメータ $t \in R$ を用いてベクトル $x(t) = (x_1(t), \ldots, x_n(t))^T \in R^n$ を次のように定義する．

$$x_j(t) = \begin{cases} (c + A^T\lambda - \mu)_i t & (j = i) \\ 0 & (j \neq i) \end{cases}$$

このとき

$$L(x(t), \lambda, \mu) = (c + A^T\lambda - \mu)_i^2 t - b^T\lambda$$

となるので，$t \to -\infty$ とすることによって，ラグランジュ関数の値はいくらでも小さくできる．したがって，$\min_{x \in R^n} L(x, \lambda, \mu) = -\infty$ となる．つまり，$c + A^T\lambda - \mu \neq 0$ である (λ, μ) に対しては，双対問題の目的関数値は $-\infty$ となるので，そのような (λ, μ) は双対問題の最大解になる可能性はない．そこで，双対問題では $c + A^T\lambda - \mu = 0$ となる (λ, μ) のみを考えれば十分である．この条件の下では，ラグランジュ関数は x に依存しない関数になるので，双対問題は

$$\begin{aligned} \max \quad & -b^T\lambda \\ \text{s.t.} \quad & \mu \geqq 0 \\ & c + A^T\lambda - \mu = 0 \end{aligned}$$

となる．ここで，$y := -\lambda$ とおき，さらに制約条件において μ を消去すると，この問題は (6.2) と表せる．なお，双対問題 (6.2) の双対問題が元の線形計画問題 (6.1) になることも上と同様の手順により確認できる．

以下では，記号を簡単化するために，双対問題 (D) の決定変数 (双対変数) を $z := (\lambda, \mu)$，実行可能集合を $Z := \{(\lambda, \mu) \in R^{m+r} \mid \mu \geqq 0\}$ とおき，双対問題を

$$\begin{aligned} \text{(D)} \quad \max \quad & \omega(z) \\ \text{s.t.} \quad & z \in Z \end{aligned}$$

と表すことにする．

双対問題 (D) に対して，問題 (P) は**主問題**と呼ばれる．双対問題 (D) の "D" は Dual problem (双対問題) の D であり，主問題 (P) の "P" は Primal problem (主問題) の P である．次節では，双対問題の性質を調べる．

6.2 双対問題の性質

ここでは双対問題 (D) と主問題 (P) の関係について調べる．さらに双対問題の最大解から主問題の最小解が導出できるための条件を与える．

主問題 (P) の目的関数 θ の定義 (6.5) と双対問題 (D) の目的関数 ω の定義 (6.4) より，任意の $x \in X$ と $z \in Z$ に対して

$$\omega(z) \leqq L(x, z) \leqq \theta(x)$$

が成り立つ．これらの不等式から

$$\max_{z \in Z} \omega(z) \leqq \theta(x), \quad \omega(z) \leqq \min_{x \in X} \theta(x)$$

を得る．さらに

$$\max_{z \in Z} \omega(z) \leqq \min_{x \in X} \theta(x)$$

が成り立つ．この性質を**弱双対定理**と呼ぶ．

定理 6.1 （弱双対定理）　次の不等式が成り立つ．

$$\max_{z \in Z} \omega(z) \leqq \min_{x \in X} \theta(x)$$

さらに，$\bar{x}$ が問題 (6.3) の実行可能解であり，$\bar{z} \in Z$ であれば

$$\max_{z \in Z} \omega(z) \leqq \theta(\bar{x}) = f(\bar{x}), \quad \omega(\bar{z}) \leqq \min_{x \in X} \theta(x)$$

が成り立つ．

証明　$\bar{x}$ が問題 (6.3) の実行可能解であれば，$\delta_\Omega(\bar{x}) = 0$ であるから，$\theta(\bar{x}) = f(\bar{x})$ が成り立つ．

弱双対定理は，それぞれの問題の任意の実行可能解においては，主問題の目的関数値は双

6.2 双対問題の性質

対問題の目的関数値よりも常に大きいか等しいことを意味している (図 **6.1**)[†]．そのため，それぞれの最適値の差

$$\eta := \min_{x \in X} \theta(x) - \max_{z \in Z} \omega(z)$$

は非負の値をとる．この η を**双対ギャップ**と呼ぶ．この値が 0 であれば，主問題の代わりに双対問題を解くことにより，主問題の最小値が得られる (ただし，最小値がわかっても必ずしも最小解が得られるわけではない)．

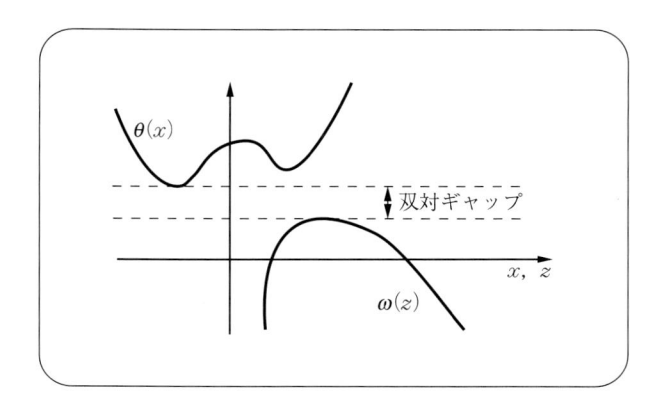

図 6.1 弱双対定理のイメージ

一般の数理計画問題ではしばしば双対ギャップが正になる．それでは，どのようなときに双対ギャップ η が 0 になるのであろうか？その答えを以下に与えよう．

定理 6.2 双対ギャップが 0 になるための必要十分条件は，ラグランジュ関数に鞍点が存在することである．

ここで，点 $(\bar{x}, \bar{z}) \in X \times Z$ が関数 $L : X \times Z \to R$ の**鞍点**であるとは，任意の $x \in X$ と $z \in Z$ に対して

$$L(\bar{x}, z) \leqq L(\bar{x}, \bar{z}) \leqq L(x, \bar{z}) \tag{6.6}$$

が成り立つことをいう．

[†] 図 6.1 は弱双対定理を直感的に説明するために関数 f と ω を同じ座標軸を使って表しているが，実際はそれらの関数が定義される空間は別の空間であることに注意．

談話室

ゲーム理論と双対問題　2002 年のアカデミー賞はジョン・ナッシュ教授の半生を描いた「ビューティフルマインド」が獲得した．映画では，ナッシュ教授がゲーム理論の重要な概念を解明したことにより，ノーベル経済学賞を授与されたことが，感動的に描かれている．ここではゲーム理論と数理計画法の関係を簡単な例を使って説明しよう．いま，A さんと B さんの 2 人がゲームをしているとしよう．A さんが戦略 $x \in X$，B さんが戦略 $z \in Z$ を選択するとき，A さんは $-L(x,z)$ だけのポイントを獲得し，B さんは $L(x,z)$ だけのポイントを獲得できるとする (2 人の獲得するポイントの和は常にゼロである．このようなゲームをゼロ和ゲームという)．A さんにとっての最適な戦略は，A さんが選ぶ戦略 x に応じて，B さんが最適な戦略を選んだ場合に得られるポイント，つまり $\theta(x) = \max_{z \in Z} L(x,z)$ を最小化することである (これは A さんが得るポイントを最大化することになる)．一方，B さんにとっての最適な戦略は，B さんが選ぶ戦略 z に応じて，A さんが最適な戦略を選んだ場合に得られるポイントを最小化すること，あるいはそれと等価であるが $\omega(z) = \min_{x \in X} L(x,z)$ を最大化することである．このことは，数理計画問題に対応づけていえば，A さんにとっては主問題の最小解が最適な戦略となり，B さんにとっては双対問題の最大解が最適な戦略となることを意味している．このとき，双対ギャップが 0 になる必要十分条件は L に鞍点が存在することである．ゲーム理論から見た鞍点は次のように解釈される．A さんが戦略 $\bar{x} \in X$ をとったとき，B さんには戦略 $\bar{z} \in Z$ が最適な戦略になり，逆に B さんが戦略 $\bar{z} \in Z$ をとったとき，A さんには戦略 $\bar{x} \in X$ が最適な戦略になる．そのため，A さん，B さんともに戦略を変更する必要がなく，ゲームは均衡した状態になる．つまり，鞍点はこのゲームの均衡点となる．ゲーム理論の重要な課題の一つは，均衡点が存在するための条件を解明することである．

定理 6.2 を示す前に，鞍点が存在する条件を与えよう．

定理 6.3　f は凸関数，h_i はすべて 1 次関数，g_j はすべて凸関数であり，$X = R^n$ とする．このとき，問題 (6.3) の KKT 点が存在することと，ラグランジュ関数の鞍点が存在することは等価である．

この定理によって，問題 (6.3) が凸計画問題であれば，適当な仮定の下で双対ギャップが 0 になることがわかる．

6.2 双対問題の性質

それでは，定理 6.2, 定理 6.3 を順番に示そう．

まず，$(\bar{x}, \bar{z})$ を L の鞍点としよう．そのとき，式 (6.6) より

$$L(\bar{x}, \bar{z}) = \max_{z \in Z} L(\bar{x}, z) = \theta(\bar{x})$$

$$L(\bar{x}, \bar{z}) = \min_{x \in X} L(x, \bar{z}) = \omega(\bar{z})$$

であるから

$$\min_{x \in X} \theta(x) \leq \theta(\bar{x}) = \omega(\bar{z}) \leq \max_{z \in Z} \omega(z)$$

となる．一方，弱双対定理 (定理 6.1) より

$$\min_{x \in X} \theta(x) \geq \max_{z \in Z} \omega(z)$$

であるから

$$\min_{x \in X} \theta(x) = \max_{z \in Z} \omega(z)$$

が成り立つ．これは，双対ギャップが 0 であることを示している．

次に逆を証明する．まず，(P) と (D) の最適解をそれぞれ $\bar{x}$, $\bar{z}$ とする．このとき，双対ギャップが 0 であることより

$$\theta(\bar{x}) = \max_{z \in Z} L(\bar{x}, z) = L(\bar{x}, \bar{z}) = \min_{x \in X} L(x, \bar{z}) = \omega(\bar{z})$$

となる．これは，$(\bar{x}, \bar{z})$ が鞍点であることを示している．

次に，定理 6.3 を示そう．まず，f, g_j が凸関数，h_i が 1 次関数であることより，$z \in Z$ であればラグランジュ関数 $L(x, z)$ は x に関して凸関数である．一方，関数 $-L(x, z)$ は z に関して凸関数となる．$(\bar{x}, \bar{z}) \in R^n \times Z$ をラグランジュ関数の鞍点とする．鞍点の定義より，以下のことが成り立つ．

- $\bar{x}$ は $\bar{z}$ を固定したラグランジュ関数の最小化問題 $\min_{x \in R^n} L(x, \bar{z})$ の最小解である．
- $\bar{z}$ は $\bar{x}$ を固定したラグランジュ関数の最大化問題 $\max_{z \in Z} L(\bar{x}, z)$ の最大解である．

ラグランジュ関数は x に関して凸関数であるから，$\min_{x \in R^n} L(x, \bar{z})$ は制約なし凸計画問題である (いま $X = R^n$ と仮定していることに注意)．よって，その最小解 $\bar{x}$ は次の最適性の 1 次の必要条件を満たす．

$$\nabla_x L(\bar{x}, \bar{z}) = \nabla f(\bar{x}) + \sum_{i=1}^{m} \bar{\lambda}_i \nabla h_i(\bar{x}) + \sum_{j=1}^{r} \bar{\mu}_j \nabla g_j(\bar{x}) = 0 \tag{6.7}$$

一方，最大化問題 $\max_{z \in Z} L(\bar{x}, z)$ は，最小化問題 $\min_{z \in Z} -L(\bar{x}, z)$ と等価であり，これは実行可能集合 Z が凸集合，$-L$ が z に関して凸関数であることから，凸計画問題である．よって，$\bar{z}$ はこの最小化問題の KKT 点となる．不等式制約 $\mu \geqq 0$ に対するラグランジュ乗数を ξ とすると，最小化問題 $\min_{z \in Z} -L(\bar{x}, z)$ の KKT 条件は

$$0 = -\nabla_z L(\bar{x}, \bar{z}) - \begin{pmatrix} 0 \\ I \end{pmatrix} \xi = -\begin{pmatrix} h(\bar{x}) \\ g(\bar{x}) \end{pmatrix} - \begin{pmatrix} 0 \\ \xi \end{pmatrix}$$

$$\bar{\mu} \geqq 0, \quad \xi \geqq 0, \quad \bar{\mu}^T \xi = 0$$

と書ける．ここで ξ を消去して整理すると次式を得る．

$$h(\bar{x}) = 0, \quad \bar{\mu} \geqq 0, \quad g(\bar{x}) \leqq 0, \quad \bar{\mu}^T g(\bar{x}) = 0 \tag{6.8}$$

式 (6.7), (6.8) を合わせたものは，問題 (6.3) の KKT 条件にほかならない．

逆に，$(\bar{x}, \bar{z})$ が KKT 条件 (6.7), (6.8) を満たしているとする．このとき，問題の凸性に注意して上の証明を逆にたどることによって，$(\bar{x}, \bar{z})$ がラグランジュ関数の鞍点となることが導ける．

最後に，KKT 点が存在するための条件を思い出そう．いま，凸計画問題に最小解 x^* が存在するとする．さらに，スレイターの制約想定が成り立っているとする．そのとき，定理 5.1 より，KKT 点 (x^*, λ^*, μ^*) が存在する．以上のことをまとめると次の**強双対定理**を得る．

定理 6.4 （強双対定理） 目的関数 $f : R^n \to R$ および $g_j : R^n \to R$ $(j = 1, \ldots, r)$ は微分可能な凸関数であり，h_i $(i = 1, \ldots, m)$ は 1 次関数とする．さらに $X = R^n$ とする．主問題 (6.3) に最小解 x^* が存在し，スレイターの制約想定が成り立てば，双対問題に最大解が存在し，さらに双対ギャップは 0 になる．

強双対定理より，最小解が存在する凸計画問題に対しては，双対問題を解くことによって，元の凸計画問題の最小値を得ることができる．

次に，双対問題 (D) の最適解 $\bar{z}$ が得られたとしよう．そのとき，ラグランジュ関数 $L(x, \bar{z})$ を x に関して最小化した問題の最小解は問題 (6.3) の解になるであろうか？ 一般に，その答えは「否」である．それは，そのような最小解が必ずしも問題 (6.3) の制約条件を満たすとはかぎらないからである．例として，次の問題を見てみよう．

$$\begin{aligned} \min \quad & -x_1 - x_2 \\ \text{s.t.} \quad & x_1 \geqq 0, \ x_2 \geqq 0, \ x_1 + x_2 \leqq 1 \end{aligned} \tag{6.9}$$

双対問題の目的関数は

$$\omega(\mu) = \min_{x \in R^2} \{-x_1 - x_2 - \mu_1 x_1 - \mu_2 x_2 + \mu_3(x_1 + x_2 - 1)\}$$
$$= -\mu_3 + \min_{x \in R^2} \{x_1(\mu_3 - \mu_1 - \mu_2 - 1) + x_2(\mu_3 - \mu_1 - \mu_2 - 1)\}$$

となるから,線形計画問題の双対問題を導いたときと同様にして,問題 (6.9) の双対問題は

max $\quad -\mu_3$
s.t. $\quad \mu_3 - \mu_1 - \mu_2 = 1$
$\quad\quad \mu_1 \geqq 0,\ \mu_2 \geqq 0,\ \mu_3 \geqq 0$

と書ける. $\mu_4 = \mu_1 + \mu_2$ とすると,この問題は

max $\quad -\mu_3$
s.t. $\quad \mu_3 - \mu_4 = 1$
$\quad\quad \mu_3 \geqq 0,\ \mu_4 \geqq 0$

と変換でき,さらに μ_4 を消去することにより

max $\quad -\mu_3$
s.t. $\quad \mu_3 \geqq 1$

とできる.この問題の最適解は $\mu_3 = 1$ であるから,双対問題の最適解は $(\mu_1^*, \mu_2^*, \mu_3^*) = (0, 0, 1)$ となる.さらに,任意の点 $x \in R^2$ に対して $L(x, \mu^*) = -x_1 - x_2 + \mu_3^*(x_1 + x_2 - 1) = -1$ が成り立つ.このことは,問題 (6.9) の制約条件を満たさない点 $x \in R^2$ も関数 $L(\cdot, \mu^*)$ の最小解となることを意味している.

次の定理が示すように,関数 $L(\cdot, \bar{z})$ の最小解 $\bar{x}$ が問題 (6.3) の制約条件を満たしていれば,問題 (6.3) の大域的最小解となる.

定理 6.5 $\bar{z} = (\bar{\lambda}, \bar{\mu}) \in Z$ を双対問題 (D) の最大解とし,双対ギャップは 0 であるとする.そのとき

min $\quad L(x, \bar{z})$
s.t. $\quad x \in X$

の最小解 $\bar{x}$ が

$$h_i(\bar{x}) = 0 \quad (i = 1, \ldots, m), \quad g_j(\bar{x}) \leqq 0 \quad (j = 1, \ldots, r)$$

を満足するならば,$\bar{x}$ は問題 (6.3) の大域的最小解である.

証明 まず $\bar{z} \in Z$ より $\bar{\mu} \geqq 0$ であることに注意しておく.仮定より $\bar{x}$ は問題 (6.3) の実行可能解であり,さらに,任意の実行可能解 $x \in R^n$ に対して

$$f(\bar{x}) \leq L(\bar{x},\bar{z}) \leq L(x,\bar{z}) = f(x) + \sum_{i=1}^{m} \bar{\lambda}_i h_i(x) + \sum_{j=1}^{r} \bar{\mu}_j g_j(x) \leq f(x)$$

が成り立つ．最後の不等式は $h_i(x) = 0$ $(i = 1,\ldots,m)$, $g_j(x) \leq 0$ $(j = 1,\ldots,r)$ であることによる．よって $\bar{x}$ は問題 (6.3) の大域的最小解である．

これまでに，双対問題の利点として，その実行可能解 (最大解) が問題 (6.3) の下界値 (最小値) を与えることを主眼に説明してきた．以下では，双対問題の解きやすさについて考えてみよう．解きやすさから見た双対問題のよい点は以下のとおりである．

(i) 主問題の制約の数 $m+r$ が双対問題の決定変数の次元になる．そのため，$m+r$ が主問題の決定変数の次元 n よりも小さいときには，双対問題のほうが規模が小さい．

(ii) 双対問題の実行可能集合 Z は非常に簡単な形をしているため，主問題の実行可能集合よりも扱いやすい．

(iii) 双対問題は凸計画問題である．

上の最後の性質は $-\omega(z)$ が凸関数であることから従う．実際，$z^1 = (\lambda^1, \mu^1)$, $z^2 = (\lambda^2, \mu^2)$, $\alpha \in [0,1]$ とすると

$$\begin{aligned}
&-\omega(\alpha z^1 + (1-\alpha) z^2) \\
&= -\min_{x \in X} \{f(x) + h(x)^T \{\alpha \lambda^1 + (1-\alpha)\lambda^2\} + g(x)^T \{\alpha \mu^1 + (1-\alpha)\mu^2\}\} \\
&= -\min_{x \in X} \{\alpha(f(x) + h(x)^T \lambda^1 + g(x)^T \mu^1) + (1-\alpha)(f(x) + h(x)^T \lambda^2 + g(x)^T \mu^2)\} \\
&\leq -\alpha \min_{x \in X} \{f(x) + h(x)^T \lambda^1 + g(x)^T \mu^1\} \\
&\quad - (1-\alpha) \min_{x \in X} \{f(x) + h(x)^T \lambda^2 + g(x)^T \mu^2\} \\
&= -\alpha \omega(z^1) - (1-\alpha)\omega(z^2)
\end{aligned}$$

となるので，$-\omega$ は凸関数である．すなわち，双対問題は凸関数 $-\omega$ を凸集合 Z 上で最小化する凸計画問題と等価である．よって，どのような主問題に対しても双対問題は常に凸計画問題となる．

上記の利点より，双対問題は主問題よりも解きやすい場合がある．しかしながら，一般には関数 ω の値を求めるために最小化問題 $\min_{x \in X} L(x,z)$ を解かなければならず，また ω は微分不可能な関数になる場合が多いので，主問題の代わりに双対問題を解くというアプローチは必ずしも常に有効とはかぎらない．次節では，双対問題を考えるのが好都合であるような例をいくつか紹介しよう．

6.3 双対問題の活用例

この節では，双対問題を考えると都合のよい問題や双対問題の応用例を紹介する．

〔1〕 **サポートベクターマシン** 1章で紹介したサポートベクターマシンでは，次の凸2次計画問題の解 $(p, b) \in R^{n+1}$ を用いて，識別関数 $p^T x + b$ を構成する．

$$\begin{aligned} \min \quad & \|p\|^2 \\ \text{s.t.} \quad & a_i(p^T z^i + b) - 1 \geqq 0 \quad (i = 1, \ldots, l) \end{aligned}$$

ただし，$z^i \in R^n$, $a_i \in R$ $(i = 1, \ldots, l)$ は与えられたサンプルデータである．この問題の双対問題を導いてみよう．ラグランジュ関数は

$$\begin{aligned} L(p, b, \mu) &= \|p\|^2 - \sum_{i=1}^{l} \mu_i \{a_i(p^T z^i + b) - 1\} \\ &= \|p\|^2 - p^T \left(\sum_{i=1}^{l} \mu_i a_i z^i\right) - \sum_{i=1}^{l} \mu_i a_i b + \sum_{i=1}^{l} \mu_i \\ &= \left\|p - \frac{1}{2} \sum_{i=1}^{l} \mu_i a_i z^i\right\|^2 - \frac{1}{4}\left\|\sum_{i=1}^{l} \mu_i a_i z^i\right\|^2 - \left(\sum_{i=1}^{l} \mu_i a_i\right) b + \sum_{i=1}^{l} \mu_i \end{aligned}$$

と表せる．ここで，$\mu \in R^l$ は不等式制約に対するラグランジュ乗数である．よって，双対問題の目的関数 ω は

$$\begin{aligned} \omega(\mu) &= \min_{(p,b) \in R^{n+1}} L(p, b, \mu) \\ &= \min_{p \in R^n} \left\|p - \frac{1}{2} \sum_{i=1}^{l} \mu_i a_i z^i\right\|^2 - \min_{b \in R} \left(\sum_{i=1}^{l} \mu_i a_i\right) b \\ &\quad - \frac{1}{4}\left\|\sum_{i=1}^{l} \mu_i a_i z^i\right\|^2 + \sum_{i=1}^{l} \mu_i \end{aligned}$$

と書ける．この式の右辺第1項は

$$p = \frac{1}{2} \sum_{i=1}^{l} \mu_i a_i z^i \tag{6.10}$$

のとき最小値をとる．さらに，右辺第2項は $\sum_{i=1}^{l} \mu_i a_i \neq 0$ のときは $-\infty$ となるため，双対問題においては $\sum_{i=1}^{l} \mu_i a_i = 0$ を満たす μ だけを考えればよい．そのとき

$$\omega(\mu) = -\frac{1}{4} \left\| \sum_{i=1}^{l} \mu_i a_i z^i \right\|^2 + \sum_{i=1}^{l} \mu_i$$

となるから，双対問題は

$$\begin{aligned} \max \quad & -\frac{1}{4} \left\| \sum_{i=1}^{l} \mu_i a_i z^i \right\|^2 + \sum_{i=1}^{l} \mu_i \\ \text{s.t.} \quad & \sum_{i=1}^{l} \mu_i a_i = 0 \\ & \mu \geqq 0 \end{aligned}$$

と書ける．これは μ を決定変数とする凸2次計画問題である．双対問題の制約条件は元の問題に比べて非常に簡単になっている．いま，双対問題の最大解 μ^* において $\mu_i^* > 0$ であれば，それに対応するデータ z^i をサポートベクターという．一般にサポートベクターの数はデータ数 l に比べて非常に少なくなるので，ほとんどすべての i に対して $\mu_i^* = 0$ となる．この事実を利用すれば，データ数 l が大きい場合でも効率よく双対問題を解くことができる．双対問題の最大解 μ^* が求まれば，式 (6.10) から p を決めることができる．さらに，b は，$\mu_i^* > 0$ となる i では

$$a_i(p^T z^i - b) - 1 = 0$$

が成り立つという事実を用いて容易に計算できる．

〔2〕 **主問題の下界値の計算**　弱双対定理より，双対問題の実行可能解は主問題の最小値がこれ以上小さくならないという値，すなわち下界値を与える．また，強双対定理が成り立つときには，主問題と双対問題の実行可能解における目的関数値の差を計算することによって，それらの実行可能解がどれくらいそれぞれの問題の解に近いかを推定することができる．この観点に沿った双対問題の利用法を紹介しよう．

（1）**反復法の終了条件**　反復法を実行するとき，いつ反復を終了するかはきわめて重要な問題である．いま，双対ギャップが0となることが期待される数理計画問題を解くことを考えよう．このとき，反復法によって，実行可能解の列 $\{x^k\}$ を生成し，それと同時に，双対問題に対しても反復法を適用して，双対問題の実行可能解の列 $\{z^k\}$

を生成する[†]．それぞれの問題の最適解において二つの問題の目的関数値が等しくなるので，十分小さい適当な定数 $\varepsilon > 0$ を用いて

$$f(x^k) - \omega(z^k) \leq \varepsilon$$

をこの反復法の終了条件とすることができる．

(2) **組合せ最適化問題の下界値計算** 組合せ最適化問題において，特に問題の規模が大きいとき，その厳密解を求めることは容易ではない．組合せ最適化問題の厳密解を求める手法としては，10章で説明する分枝限定法がある．分枝限定法では，部分問題(一部の決定変数の値を固定した問題)の最小値の下界値を求めることが重要となる．下界値の計算にはいろいろ方法があるが，まず制約条件を扱いやすい形に緩和することが考えられる．例えば，x_i が 0 か 1 のどちらかの値をとる 0-1 制約条件をもつ問題を考えよう．このとき，0-1 制約条件

$$x_i \in \{0, 1\}$$

を満たす点は，線形制約条件

$$0 \leq x_i \leq 1$$

を満たす．そのため，扱いにくい 0-1 制約を上記の線形制約に置き換えた問題 (緩和問題という) の最小値は元の問題の下界値となる．繰り返し下界値を計算する分枝限定法では，下界値計算に多大な時間を要することは得策ではない．そこで，下界値を簡単に計算するために緩和問題の双対問題を用いることがある．弱双対定理より，双対問題の実行可能解の目的関数値は主問題の下界値となるので，双対問題の実行可能解さえ求まれば下界値を計算することができる．実際にはできるだけ大きい下界値が望ましいので，時間の許すかぎり双対問題のよい近似最大解を計算するのも効果的である．

〔3〕 **感度解析** 数理計画問題の制約関数や目的関数が少し変化したときに，その変化が問題の最小値にどのような影響を及ぼすかを調べることを感度解析と呼ぶ．感度解析は，双対問題，特に双対問題の最大解と密接な関係がある．

ここでは簡単のため，$f: R^n \to R$ および $g_j: R^n \to R$ $(j = 1, \ldots, r)$ が凸関数であるような次の不等式制約付き最小化問題を考える．

[†] 反復法には，主問題の実行可能解の列を生成する際に，その計算の副産物として双対問題の実行可能解の列を生成するようなものも少なくない．

6. 双対問題

$$\begin{aligned} \min \quad & f(x) \\ \text{s.t.} \quad & g(x) \leq 0 \end{aligned} \qquad (6.11)$$

ただし $g(x) = (g_1(x), \ldots, g_r(x))^T$ である．次に，関数 g を $u \in R^r$ だけ摂動した問題

$$\begin{aligned} \min \quad & f(x) \\ \text{s.t.} \quad & g(x) - u \leq 0 \end{aligned}$$

の最小値を $\phi(u)$ とする．このとき，問題 (6.11) の最小値は $\phi(0)$ で与えられることに注意しよう．$\phi(u)$ は u の関数と見なせるので，**最小値関数**と呼ばれる．いま，摂動した問題も凸計画問題であるから，適当な仮定の下で強双対定理が成り立つ．よって

$$\begin{aligned} \phi(u) &= \min_{x \in R^n} \max_{\mu \geq 0} \left\{ f(x) + \mu^T (g(x) - u) \right\} \\ &= \max_{\mu \geq 0} \min_{x \in R^n} \left\{ f(x) + \mu^T g(x) - \mu^T u \right\} \\ &= \max_{\mu \geq 0} \left\{ -\mu^T u + \min_{x \in R^n} \left\{ f(x) + \mu^T g(x) \right\} \right\} \end{aligned} \qquad (6.12)$$

と表せる．2番目の等式に強双対定理を用いている．(x^*, μ^*) を問題 (6.11) の KKT 点とすると，問題 (6.11) に対する強双対定理より

$$\phi(0) = \omega(\mu^*) = \min_{x \in R^n} \left\{ f(x) + (\mu^*)^T g(x) \right\}$$

となるので，式 (6.12) より

$$\phi(u) \geq -(\mu^*)^T u + \min_{x \in R^n} \left\{ f(x) + (\mu^*)^T g(x) \right\} = -(\mu^*)^T u + \phi(0)$$

が成り立つ．さらに右辺の $\phi(0)$ を移項すると

$$\phi(u) - \phi(0) \geq -(\mu^*)^T u \qquad (6.13)$$

を得る．ここで，ϕ が $u = 0$ で微分可能であるとすると†，$\nabla \phi(0)$ と任意のベクトル $d \in R^r$ との内積は，式 (6.13) より

$$\nabla \phi(0)^T d = \lim_{t \downarrow 0} \frac{\phi(td) - \phi(0)}{t} \geq \lim_{t \to 0} \frac{-(\mu^*)^T (td)}{t} = -(\mu^*)^T d$$

が成り立つ．同様にして

$$\nabla \phi(0)^T (-d) = \lim_{t \downarrow 0} \frac{\phi(-td) - \phi(0)}{t} \geq \lim_{t \to 0} \frac{(\mu^*)^T (td)}{t} = (\mu^*)^T d$$

---

† 最小解 x^* において，LICQ，2次の十分条件と狭義の相補性が成り立っているとき，ϕ は $u = 0$ において微分可能であることが知られている．

となるから，任意の $d \in R^r$ に対して

$$\nabla \phi(0)^T d = -(\mu^*)^T d$$

が成立する．これは

$$\nabla \phi(0) = -\mu^*$$

であること，つまり，最小値関数 ϕ の $u=0$ における勾配は双対問題の最大解 μ^* に -1 を掛けたものに等しいことを意味している．

ここで，感度解析における μ^* の意味を考えてみよう．いま，ある数理計画問題を解いて，その最小解と双対問題の最大解を得ているとする．そのとき，主問題のある制約を少しだけゆるめて，最小値を改善することを考えよう．どの制約をゆるめるのが最も効果的であろうか？その回答を与えるのが，関係式 $\nabla \phi(0) = -\mu^*$ である．実際，制約 $g_j(x) \leq 0$ を $t > 0$ だけゆるめて $g_j(x) - t \leq 0$ としたとき，目的関数値は

$$\phi(te^j) - \phi(0) = \nabla \phi(0)^T (te^j) + o(t) = -\mu_j^* t + o(t)$$

だけ変化する．ただし，e^j は j 番目の成分が 1 でそれ以外が 0 となる n 次元ベクトルである．これは，μ_j^* が最も大きい j に対応した制約 $g_j(x) \leq 0$ をゆるめると，最小値が最も大きく減少することを示している．

本章のまとめ

❶ **ラグランジュの双対問題**　数理計画問題からラグランジュ関数を介して導かれる問題で，数理計画法において重要な役割を演じる．

❷ **弱双対定理**　数理計画問題 (主問題) とその双対問題に対して，それぞれの実行可能解が与えられたとき，主問題の目的関数値は必ず双対問題の目的関数値以上になるという性質．

❸ **強双対定理**　適当な仮定の下で，数理計画問題の最小値とその双対問題の最大値が一致するという性質．

❹ **双対問題の利点**
- 一般に問題の制約条件が簡単になる．
- 双対問題を用いれば，元の数理計画問題の下界値を比較的容易に計算することができる．

●理解度の確認●

問 6.1 線形計画問題において，双対問題 (6.2) の双対問題が元の問題 (6.1) になることを確かめよ．

問 6.2 次の線形計画問題の双対問題を導け．

$$\begin{aligned} \min \quad & c^T x \\ \text{s.t.} \quad & Ax \leq b \end{aligned}$$

問 6.3 次の2次計画問題の双対問題を導け．

$$\begin{aligned} \min \quad & \frac{1}{2} x^T Q x + q^T x \\ \text{s.t.} \quad & Ax = b \\ & x \geq 0 \end{aligned}$$

ただし，$Q \in R^{n \times n}$ は正定値対称行列，A は $m \times n$ 行列である．

7 微分を使わない最適化手法

　現実の問題では，目的関数が微分不可能であったり，微分の計算に時間を要するものが少なくない．この章では，目的関数値だけを用いる手法を紹介する．そのような解法はしばしば理論的な大域的収束性は保証されないが，たいていの問題に適用可能であり，計算機への実装が容易である．まず1次元の最小化問題の解法である黄金分割法を説明する．次に n 次元の制約なし最小化問題の解法である（単体を用いた）直接探索法を紹介する．

7.1 黄金分割法

この節では1変数の最小化問題の解法である黄金分割法を紹介する.

区間 $[l, u]$ 上で目的関数 $f : R \to R$ の最小解を見つける問題を考える (図 **7.1**).

$$\begin{aligned} \min \quad & f(x) \\ \text{s.t.} \quad & l \leqq x \leqq u \quad (x \in R) \end{aligned} \tag{7.1}$$

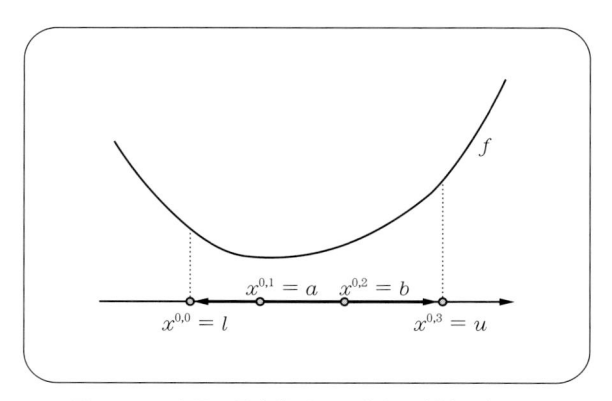

図 **7.1** 1次元の最小化問題と黄金分割法の初期解

　この問題はそれ自身が単独に現れるだけでなく，多変数の最小化問題に対する反復法においてステップ幅 t_k を求める際にも現れる (8.1節 参照). 実際，目的関数 $\hat{f} : R^n \to R$ を最小化する反復法の k 回目の反復において，点 $x^k \in R^n$ と探索方向 $d^k \in R^n$ が与えられたとき，$\hat{f}(x^k + td^k)$ ができるだけ小さくなるようにステップ幅 $t_k \in [0, t_{\max}]$ を求める問題は，$f(t) := \hat{f}(x^k + td^k)$, $l := 0$, $u := t_{\max}$ とおくことにより問題 (7.1) の形に表せる.

　目的関数値だけを用いて問題 (7.1) を解く手法に**黄金分割法**と呼ばれる方法がある. ここでは，f が凸関数であると仮定して，黄金分割法を説明しよう. まず，$l < a < b < u$ となる 2点 a, b を用意し，4点 l, a, b, u を並べた組 $(x^{0,0}, x^{0,1}, x^{0,2}, x^{0,3}) := (l, a, b, u)$ を初期解とする (図 7.1). 黄金分割法の各反復では4点の組 $(x^{k,0}, x^{k,1}, x^{k,2}, x^{k,3})$ を更新する. ここで，$x^{k,j}$ の添字は，k が反復回数，j が4点を識別する番号を表す.

初期解
$$x^{0,0} < x^{0,1} < x^{0,2} < x^{0,3}$$

に対して，2番目と3番目の点 $x^{0,1}, x^{0,2}$ における関数値に着目する．いま，$f(x^{0,1}) < f(x^{0,2})$ が成り立っているとしよう．このとき，区間 $[x^{0,2}, x^{0,3}]$ には，最小解は存在しない (**図 7.2**)．

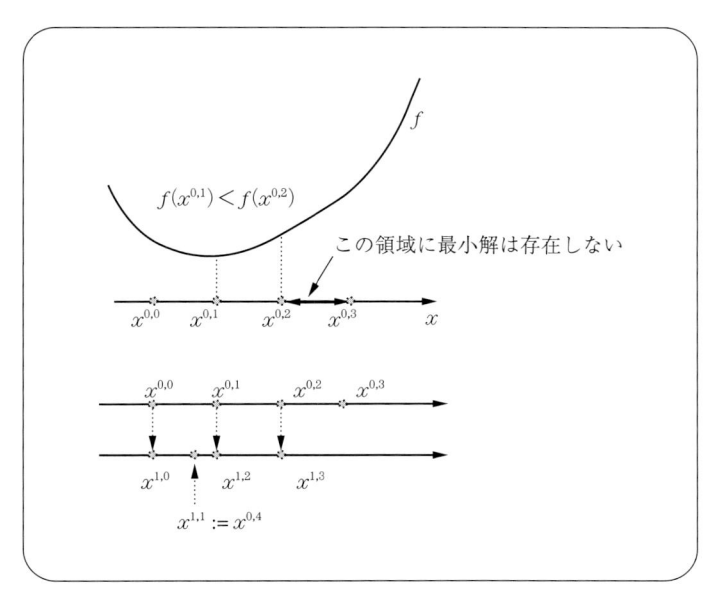

図 7.2 最小解の存在領域と反復点の組

実際，もし区間 $[x^{0,2}, x^{0,3}]$ に最小解 x^* があるとすると，$x^{0,2} \in [x^{0,1}, x^*]$ であるから，$x^{0,2} = \alpha x^{0,1} + (1-\alpha) x^*$ となる $\alpha \in [0, 1]$ が存在する．ところが，f は凸関数であるから
$$f(x^{0,2}) = f(\alpha x^{0,1} + (1-\alpha) x^*) \leqq \alpha f(x^{0,1}) + (1-\alpha) f(x^*)$$
となる．一方，x^* は最小解であるから，$f(x^*) \leqq f(x^{0,1})$ である．よって
$$f(x^{0,2}) \leqq \alpha f(x^{0,1}) + (1-\alpha) f(x^*) \leqq f(x^{0,1})$$
が成立するが，これは $f(x^{0,2}) > f(x^{0,1})$ に矛盾する．したがって，$f(x^{0,1}) < f(x^{0,2})$ のときは区間 $[x^{0,0}, x^{0,2}]$ に最小解があることがいえる．そこで，必要のなくなった $x^{0,3}$ の代わりに，区間 $[x^{0,0}, x^{0,1}]$ の中に点 $x^{0,4}$ を選び，次の反復点の組 $(x^{1,0}, x^{1,1}, x^{1,2}, x^{1,3})$ を

$$x^{1,0} := x^{0,0}, \ x^{1,1} := x^{0,4}, \ x^{1,2} := x^{0,1}, \ x^{1,3} := x^{0,2}$$

とする (図 7.2)．このとき
$$x^{1,0} < x^{1,1} < x^{1,2} < x^{1,3}$$
となり，区間 $[x^{1,0}, x^{1,3}]$ は，$k = 0$ のときの区間 $[x^{0,0}, x^{0,3}]$ よりも小さくなっている．

一方，$f(x^{0,2}) < f(x^{0,1})$ のときには，同様の議論によって，区間 $[x^{0,1}, x^{0,3}]$ の中に最小解が存在することがわかる．そこで，$x^{0,4}$ を区間 $[x^{0,2}, x^{0,3}]$ の中に選び，次の反復点の組を

$$x^{1,0} := x^{0,1}, \ x^{1,1} := x^{0,2}, \ x^{1,2} := x^{0,4}, \ x^{1,3} := x^{0,3}$$

とする．

このように更新することによって，一般に k 回目の反復において，最小解 x^* が存在する区間 $[x^{k,0}, x^{k,3}]$ を定めることができる．さらに，$x^{k,4}$ を適切に選んで反復を繰り返せば，区間の大きさは $k \to \infty$ のとき 0 に収束し，点列 $\{x^{k,0}\}$ の極限が最小解となる．

それでは，$x^{k,4}$ をどのように選べば効率的であろうか？黄金分割法では，すべての k に対して，4 点 $x^{k,0}, x^{k,1}, x^{k,2}, x^{k,3}$ が常に

$$x^{k,1} - x^{k,0} : x^{k,2} - x^{k,1} : x^{k,3} - x^{k,2} = 1 : \alpha : 1$$

の比率で並ぶように新しい点を選ぶ (図 **7.3** (a))．ここで α は k に依存しない正の定数である．それでは実際にその比率を求めてみよう．$f(x^{k,1}) > f(x^{k,2})$ とする ($f(x^{k,1}) < f(x^{k,2})$ の場合も同様である)．いま，区間 $[x^{k,0}, x^{k,3}]$ の長さを β とすると，区間 $[x^{k,0}, x^{k,2}]$ と区間 $[x^{k,1}, x^{k,3}]$ の長さは $\gamma := (1+\alpha)\beta/(2+\alpha)$ と表される (図 7.3 (b))．そこで $x^{k,4}$ を，区間 $[x^{k,1}, x^{k,4}] (= [x^{k+1,0}, x^{k+1,2}])$ と区間 $[x^{k,2}, x^{k,3}] (= [x^{k+1,1}, x^{k+1,3}])$ の長さが同じになるように

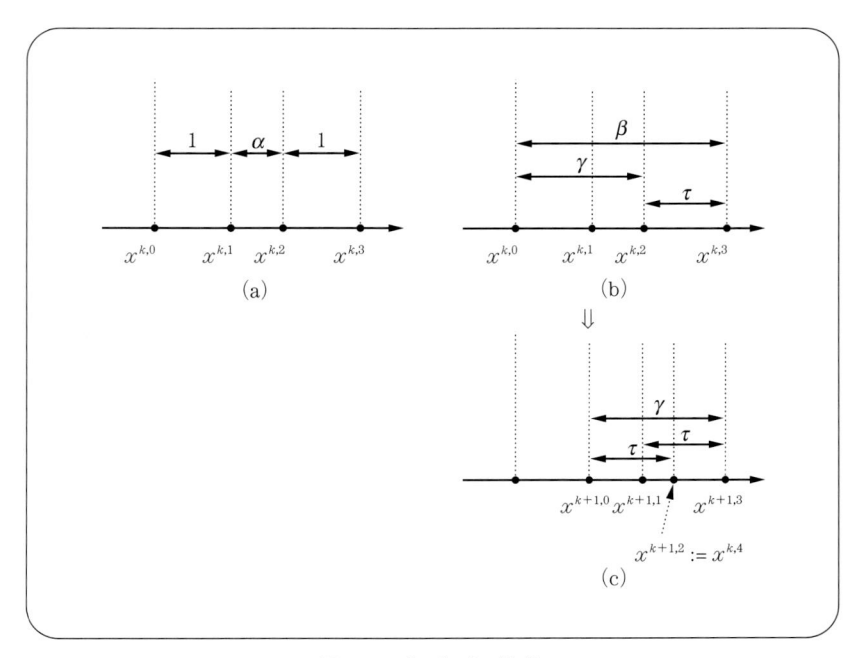

図 **7.3** 黄 金 分 割 比

$$x^{k,4} := x^{k,1} + \tau$$

と定める (図 7.3 (c)). ただし, $\tau := \beta - \gamma$ である. さらに, $k+1$ 回目の反復においても 4 点間の比率が同一に保たれるためには

$$\begin{aligned}
\beta : \gamma &= (x^{k,3} - x^{k,0}) : (x^{k,2} - x^{k,0}) \\
&= (x^{k+1,3} - x^{k+1,0}) : (x^{k+1,2} - x^{k+1,0}) \\
&= \gamma : \tau
\end{aligned}$$

が成り立たなければならない. ここで, $\tau = \beta - \gamma$ を代入すると

$$\frac{\beta}{\gamma} = \frac{1+\sqrt{5}}{2} \simeq 1.618$$

を得る. この比率を **黄金分割比** と呼ぶ.

☕ 談 話 室 ☕

黄金分割比　　黄金分割比は古代ギリシャの時代より人々の心を魅了し, 建築や美術の中に使われてきた. 現在でも, 名刺やクレジットカードの縦横比などに黄金分割比を見ることができる.

---

k 回目の反復における β, γ, τ をそれぞれ $\beta_k, \gamma_k, \tau_k$ としよう. 黄金分割比より

$$\gamma_k = \frac{2}{1+\sqrt{5}}\beta_k, \quad \tau_k = \beta_k - \gamma_k = \frac{\sqrt{5}-1}{1+\sqrt{5}}\beta_k$$

である. さらに, $\beta_0 = u - l$, $\beta_{k+1} = \gamma_k$ であるから, $\{\beta_k\}$ は

$$\beta_{k+1} = \frac{2}{1+\sqrt{5}}\beta_k = \left(\frac{2}{1+\sqrt{5}}\right)^{k+1}(u-l) \tag{7.2}$$

を満たす正数列となる. また, $x^{k,4}$ は $f(x^{k,1}) < f(x^{k,2})$ のときは $x^{k,4} := x^{k,3} - \tau_k$, $f(x^{k,1}) \geq f(x^{k,2})$ のときは $x^{k,4} := x^{k,2} + \tau_k$ と計算される.

以上のことをまとめると, 黄金分割法は以下のよう記述できる.

黄金分割法

ステップ **0**：(初期化)　　$\eta := (\sqrt{5}-1)/(\sqrt{5}+1)$, $\beta_0 := u - l$, $\tau_0 := \eta\beta_0$ とする. $x^{0,0} := l$, $x^{0,1} := l + \tau_0$, $x^{0,2} := u - \tau_0$, $x^{0,3} := u$ とする. $k := 0$ とする.

ステップ **1**：(終了条件)　　もし β_k が十分 0 に近ければ終了する.

ステップ 2：（反復点の生成）　　$f(x^{k,1}) < f(x^{k,2})$ であれば

$$x^{k+1,0} := x^{k,0},\ x^{k+1,1} := x^{k,2} - \tau_k,\ x^{k+1,2} := x^{k,1},\ x^{k+1,3} := x^{k,2}$$

とし，そうでなければ

$$x^{k+1,0} := x^{k,1},\ x^{k+1,1} := x^{k,2},\ x^{k+1,2} := x^{k,1} + \tau_k,\ x^{k+1,3} := x^{k,3}$$

とする．$\beta_{k+1} := 2\beta_k/(1+\sqrt{5}),\ \tau_{k+1} := \eta\beta_{k+1}$ とする．$k := k+1$ としてステップ 1 へ．

黄金分割法の収束の速さは黄金分割比によって決まっている．実際，式 (7.2) より各反復における区間 $[x^{k,0}, x^{k,3}]$ の大きさ β_k は 1 回の反復で黄金分割比の逆数倍だけ小さくなる．十分小さい定数 $\varepsilon > 0$ を用いて終了条件を $\beta_k < \varepsilon$ とすれば，終了までに要する反復回数 K は

$$\left(\frac{2}{\sqrt{5}+1}\right)^K \beta_0 < \varepsilon$$

より

$$K > \log\left(\frac{\beta_0}{\varepsilon}\right) \Big/ \log\left(\frac{\sqrt{5}+1}{2}\right)$$

となる．黄金分割法において，この反復回数 K は終了条件を満たすために必ず必要である．

これまでの議論は，目的関数 f が凸関数であることを仮定していた．f が凸関数でない場合は，図 **7.4** のように最小解が存在する区間を捨ててしまうことがありうるので，大域的最小解が得られないこともある[†]．

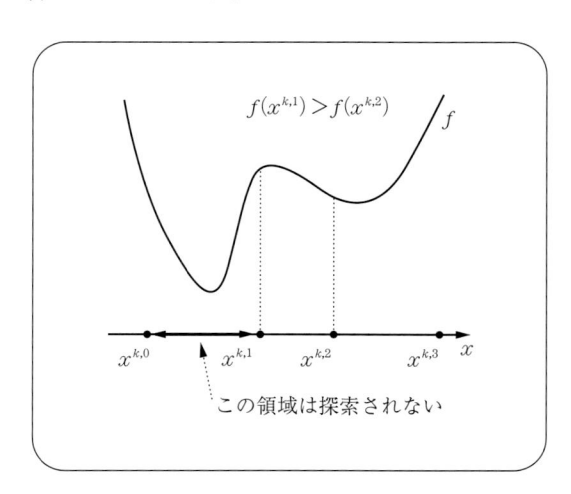

図 7.4　f が凸関数でない場合

[†] 黄金分割法は f が単峰関数であれば大域的最小解を求めることができる．凸関数は単峰関数の特別な場合である．詳細は章末の「理解度の確認」を参照．

7.2 単体法

この節では，n 個の決定変数をもつ制約なし最小化問題の解法である単体法（シンプレックス法）を紹介する．

目的関数 $f: R^n \to R$ の制約なし最小化問題に対する解法の一つに**直接探索法**がある．直接探索法は，黄金分割法と同様に，反復点における目的関数値しか用いない解法である．この節では**単体法（シンプレックス法）**または **Nelder-Mead 法**と呼ばれる単体を用いた直接探索法を紹介する[†1]．

単体法は最小解に収束するような n 次元単体の列を生成する反復法である（図 **7.5**）．ここで，n 次元単体とは $n+1$ 個の点を頂点にもつ多面体のことである[†2]．具体的には，1 次元では線分，2 次元では三角形，3 次元では四面体，... となる（図 **7.6**）．

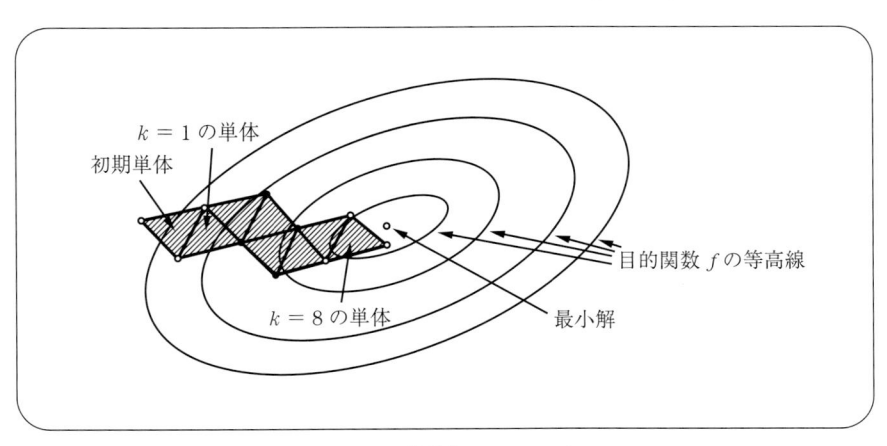

図 **7.5** 単体法のイメージ

単体法の各反復における計算手順を説明しよう．まず，n 次元単体，つまり，$n+1$ 個の頂点 $x^0, x^1, x^2, \ldots, x^n$ が与えられており

$$f(x^0) \leq f(x^1) \leq f(x^2) \leq \ldots \leq f(x^n)$$

[†1] この節の単体法は 9 章の線形計画問題に対する単体法とは同じ名前であるが全く別の方法である．

[†2] 頂点を $x^0, x^1, \ldots, x^n$ としたとき n 個のベクトル $x^i - x^0$ $(i=1,\ldots,n)$ が 1 次独立になるここを仮定する．これは，例えば $n=2$ のとき 3 点 x^0, x^1, x^2 が一直線上に並ばないことを意味している．

7. 微分を使わない最適化手法

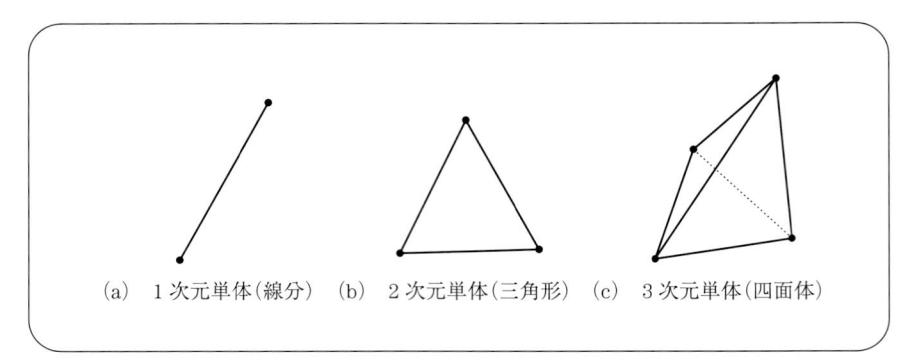

(a) 1次元単体(線分)　(b) 2次元単体(三角形)　(c) 3次元単体(四面体)

図 **7.6** 単 体 の 例

となるように頂点の順番づけがされているとする．特に，これらの頂点中の最小点と最大点を明確にするために $x^{\max} := x^n$, $x^{\min} := x^0$ と書く．

単体法ではまず，単体の頂点の中で一番悪い点 (最大点) $x^{\max}$ を動かすことによって，新しい点 x^{new} を生成することを試みる．

頂点 $x^{\max}$ の目的関数値はそれ以外の頂点 $\{x^0, x^1, \cdots, x^{n-1}\}$ の目的関数値よりも大きいので，$x^{\max}$ から向かって $\{x^0, x^1, \cdots, x^{n-1}\}$ のほうに $f(x^{\max}) > f(x)$ となる点 x がある可能性が高い．そこで，$x^{\max}$ からほかの頂点 $\{x^0, x^1, \cdots, x^{n-1}\}$ の重心

$$x^c := \frac{1}{n} \sum_{i=0}^{n-1} x^i$$

の方向へ動いた点

$$L(t) := x^{\max} + t(x^c - x^{\max})$$

を新しい頂点 x^{new} の候補とする．ただし，$t > 0$ であり，特に $t = 1$ のとき点 $L(1)$ は x^c に一致する．

まず，重心 x^c に関して $x^{\max}$ と点対称になる点 $L(2)$ を考えよう．この点を**反射点**と呼び，x^{ref} と表すことにする (図 **7.7** (a))．

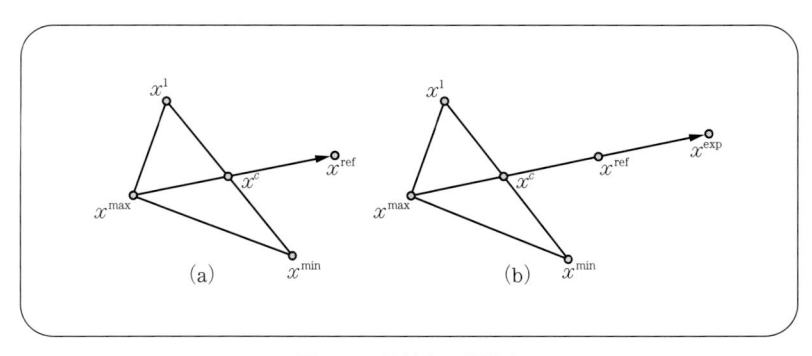

図 **7.7** 反射点と拡張点

$$x^{\mathrm{ref}} := L(2) = 2x^c - x^{\max}$$

もし $f(x^{\mathrm{ref}}) < f(x^{\max})$ であれば，$x^{\mathrm{new}} := x^{\mathrm{ref}}$ とする．$\{x^0, x^1, \ldots, x^{n-1}, x^{\mathrm{new}}\}$ を頂点とする多面体は単体となる．この新しい単体の体積は前の単体の体積と同じである．

ところで，$f(x^{\mathrm{ref}}) < f(x^{\min})$ のときには，反射点の延長線上 $(L(t), t > 2)$ に目的関数値がより小さくなる点が存在する可能性がある．そこで，$L(3)$ を調べる．点 $L(3)$ を**拡張点**と呼び，$x^{\exp}$ と書く．拡張点は

$$x^{\exp} := L(3) = x^{\max} + 3(x^c - x^{\max}) = 3x^c - 2x^{\max}$$

と表せる（図 7.7 (b)）．もし $f(x^{\exp}) < f(x^{\mathrm{ref}})$ であれば，$x^{\mathrm{new}} := x^{\exp}$ とする．このとき，反射点の場合と同様，$\{x^0, x^1, \ldots, x^{n-1}, x^{\mathrm{new}}\}$ を頂点とする多面体は単体となる．しかしながら，新しい単体の体積は前の単体の体積の 2 倍になる．

これまでは，反射点 x^{ref} が $f(x^{\mathrm{ref}}) < f(x^{\max})$ を満たしている場合を考えたが，いつもこの不等式が成り立つわけではない．そのようなときでも，x^c に近いところに目的関数値が小さくなる点が存在する可能性が高い．そこで，$f(x^{\mathrm{ref}}) \geq f(x^{\max})$ のときは，**縮小点**と呼ばれる点を調べる．縮小点としては，現在の単体の内部の点 $L(1/2)$ と外部の点 $L(3/2)$ を考え，それぞれを**内部縮小点** x^{Icon}，**外部縮小点** x^{Econ} と呼ぶ（図 **7.8**）．

$$x^{\mathrm{Icon}} := L\left(\frac{1}{2}\right) = \frac{1}{2}(x^c + x^{\max})$$
$$x^{\mathrm{Econ}} := L\left(\frac{3}{2}\right) = \frac{1}{2}(3x^c - x^{\max})$$

ここで，$f(x^{\mathrm{Icon}}) < f(x^{\max})$ または $f(x^{\mathrm{Econ}}) < f(x^{\max})$ であれば，内部縮小点と外部縮小点のうち，目的関数値が小さくなるほうを x^{new} とする．縮小点が x^{new} として採用されたとき，$\{x^0, x^1, \ldots, x^{n-1}, x^{\mathrm{new}}\}$ を頂点とする多面体は単体となる．また，新しい多面体の体積は前の単体の体積の半分になる．

反射点，縮小点のいずれにおいても関数値が $x^{\max}$ の関数値より小さくならない場合もあ

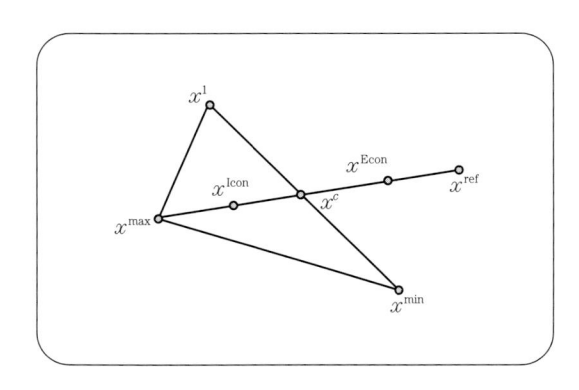

図 **7.8** 縮　小　点

る．例えば，図 **7.9** のような場合には，点 $x^{\max}$ から x^c の方向に進んでも関数値は増えるだけであり，半直線 $L(t)$ $(t \geqq 0)$ 上の点を調べるだけでは目的関数値の改善はできない．そのようなときは，$x^{\max}$ を別の点で置き換えるのではなく，単体全体を変形することを考える．いま，頂点の中で $x^{\min}$ の関数値が一番小さいので，$x^{\min}$ 以外のすべての頂点を同時に $x^{\min}$ に近づければ，単体の頂点の関数値の和が小さくなると考えられる．そうすることによって，図のように x^c 付近に存在する "山の稜線" を迂回することが期待できる．この操作を**単体縮小**と呼び，$x^{\min}$ 以外のすべての頂点を $x^{\min}$ との中点に移すことによって実行できる．

$$\bar{x}^i := \frac{1}{2}(x^i + x^{\min}) \qquad (i = 1, \ldots, n)$$

この操作によって生成された新しい頂点 $\{x^0(= x^{\min}), \bar{x}^1, \ldots, \bar{x}^n\}$ をもつ多面体は単体となる．さらにその体積は前の単体の体積よりも小さくなる．このように，反射，拡張，縮小，単体縮小のいずれかの操作を繰り返すことにより，新しい単体がつぎつぎと生成される．

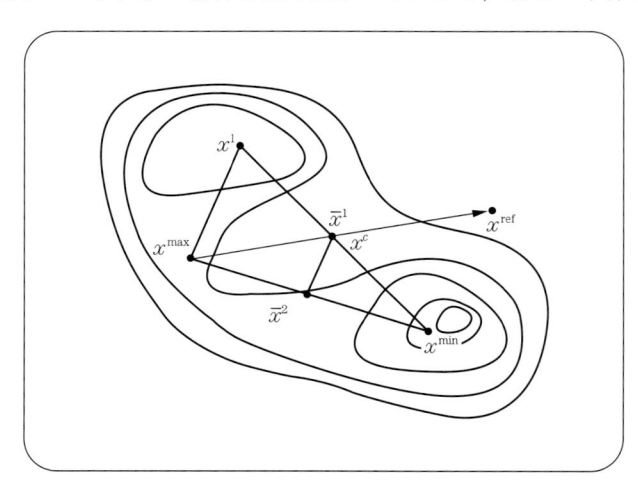

図 **7.9** 反射点と縮小点のどちらでも関数値が減少しない例と単体縮小

これまでの説明をまとめると，単体法 (Nelder-Mead 法) は以下のように記述できる．

単体法（Nelder-Mead 法）

ステップ **0**：（初期化） n 次元単体を構成する頂点 $\{x^0, x^1, \ldots, x^n\}$ を選ぶ．

ステップ **1**：（並び替え）

$$f(x^0) \leqq f(x^1) \leqq f(x^2) \leqq \ldots \leqq f(x^n)$$

となるように頂点の並び替えを行う．$x^{\min} := x^0$, $x^{\max} := x^n$ とする．

ステップ **1**：（反射） 反射点 x^{ref} を計算する．$f(x^{\mathrm{ref}}) \leqq f(x^{\min})$ ならばステップ 2 へ．$f(x^{\mathrm{ref}}) \geqq f(x^{\max})$ ならステップ 3 へ．$f(x^{\min}) < f(x^{\mathrm{ref}}) < f(x^{\max})$ なら

ば，x^n を x^{ref} に置き換えて，ステップ 1 へ．

ステップ 2：（拡張） 拡張点 $x^{\exp}$ を求める．$f(x^{\exp}) \leq f(x^{\mathrm{ref}})$ であれば，x^n を $x^{\exp}$ に置き換えて，ステップ 1 へ．そうでなければ，x^n を x^{ref} に置き換えて，ステップ 1 へ．

ステップ 3：（縮小） 内部縮小点 x^{Icon} と外部縮小点 x^{Econ} を求める．$f(x^{\mathrm{Icon}}) \geq f(x^{\max})$ かつ $f(x^{\mathrm{Econ}}) \geq f(x^{\max})$ であればステップ 4 へ．$f(x^{\mathrm{Icon}}) \leq f(x^{\mathrm{Econ}})$ であれば x^n を x^{Icon} に置き換えて，ステップ 1 へ．そうでなければ，x^n を x^{Econ} に置き換えて，ステップ 1 へ．

ステップ 4：（単体縮小） 単体縮小を行い，ステップ 1 へ．

単体法は，目的関数値を計算するだけで実行でき，目的関数の勾配やヘッセ行列の計算をする必要がないので，計算機での実装は容易である．また，目的関数が微分不可能な場合や，連続でない場合でさえも適用できる．しかしながら，局所的最小解あるいは停留点への収束については理論的な保証はない．

本章のまとめ

❶ **黄金分割法** 1 次元の最小化問題を解く手法の一つ．

❷ **単体法 (Nelder-Mead 法)** n 次元の制約なし最小化問題を解く手法の一つ．

❸ **黄金分割法と単体法の長所と短所**
- 長所：目的関数値のみを用い，微分を必要としない．
  実装が容易である．
- 短所：局所的最小解あるいは停留点に収束する保証がない．
  高い精度で解を求めることが難しい．

●理解度の確認●

問 7.1 関数 $f: R \to R$ は次の条件を満たすとき，区間 $[l, u]$ において**単峰**であるという（図 7.10）．(i) $l < \bar{x} < u$ であるような f の最小解 $\bar{x} \in R$ が存在する．(ii) 任意の $a > b > \bar{x}$ に対して $f(a) \geq f(b)$ であり，$c < d < \bar{x}$ に対して $f(c) \geq f(d)$ である．単峰関数 f を目的関数とする問題 (7.1) を考える．$l < x < y < u$ である x, y に対して，$f(x) < f(y)$ であれば，区間 $[y, u]$ には問題 (7.1) の最小解が存在しないことを示せ．

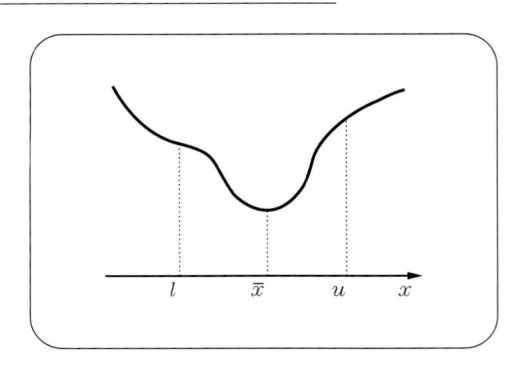

図 7.10 単峰関数

問 7.2 次の問題に対して，$(0,0)^T, (1,0)^T, (0,1)^T$ を初期単体の頂点とした単体法の 3 回の反復を実際に計算せよ．

$$\min \quad \frac{1}{2}x_1^2 + x_2^2 + 2x_1 + x_2$$
$$\text{s.t.} \quad x \in R^2$$

8 直線探索法と信頼領域法

　制約なし最小化問題に対して，目的関数の勾配やヘッセ行列が利用できるときは，直線探索法と信頼領域法が有効である．

　直線探索法は，現在の点から目的関数値が減少するような探索方向（降下方向）を定め，次にステップ幅を調整することによって，目的関数値が次第に小さくなるような点列を生成する．この章では，直線探索法として，最急降下法，ニュートン法，準ニュートン法を紹介する．

　目的関数が凸関数でないときには，ニュートン法で生成される探索方向は一般に降下方向とならないため，直線探索を用いるニュートン法は大域的収束性をもたない．信頼領域法はそのようなニュートン法の欠点を克服する手法である．信頼領域法は，毎回の反復において，ある簡単な制約付き最小化問題を解くことによって，目的関数値が減少するような点列を生成する．

8.1 直線探索法

この節では，制約なし最小化問題に対する直線探索法の枠組みを説明し，その方法が大域的収束するための条件を与える．

目的関数 $f : R^n \to R$ の制約なし最小化問題を考える．

$$\begin{align} \min \quad & f(x) \\ \text{s.t.} \quad & x \in R^n \end{align} \tag{8.1}$$

問題 (8.1) に対して，目的関数値が単調に減少するような点列 $\{x^k\}$ を生成する反復法を**降下法**と呼ぶ．よく用いられる降下法に直線探索法と信頼領域法がある．信頼領域法については 8.3 節で説明する．

次の条件を満たす探索方向 $d^k \in R^n$ を点 x^k における**降下方向**と呼ぶ．

[降下方向]
$$\nabla f(x^k)^T d^k < 0$$

図 8.1 のように，$\nabla f(x^k) \neq 0$ であれば降下方向 d^k は必ず存在するので，x^k から d^k の方向に動くことによって，目的関数値が減少するような点を見つけることができる．実際，f の x^k におけるテイラー展開

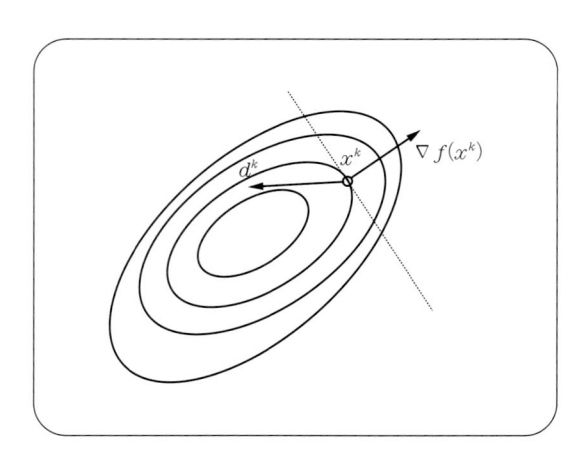

図 8.1 降下方向

$$f(x^k + t_k d^k) = f(x^k) + t_k \nabla f(x^k)^T d^k + o(t_k)$$

より

$$f(x^k + t_k d^k) - f(x^k) = t_k \left(\nabla f(x^k)^T d^k + \frac{o(t_k)}{t_k} \right) \tag{8.2}$$

となるから，$\nabla f(x^k)^T d^k < 0$ より，ステップ幅 $t_k > 0$ が十分小さいときには，$f(x^k + t_k d^k) < f(x^k)$ が成り立つ．このように降下方向 d^k に沿って適当にステップ幅 t_k を定めることにより，点列を

$$x^{k+1} := x^k + t_k d^k$$

で生成する降下法を**直線探索法**という．

ステップ幅 t_k を定める操作を**直線探索**という．直線探索の最も自然な方法は次の 1 次元最小化問題の最小解を求め，それを t_k とすることである．

$$\begin{aligned} \min \quad & \theta(t) \\ \text{s.t.} \quad & t \geqq 0 \end{aligned} \tag{8.3}$$

ここで $\theta(t) := f(x^k + td^k)$ である．f が凸関数であれば，θ も凸関数となるから，この問題は黄金分割法を用いて解くことができる．しかし，計算時間の観点から見ると，各反復において，ステップ幅を定めるために，厳密に問題 (8.3) の解を求めることは必ずしも効率的とはかぎらない．そこで，問題 (8.3) を近似的に解いて，目的関数 f をある程度減少させるステップ幅を効率よく見つけることを考える．以下に述べる**アルミホ（Armijo）のルール**と**ウォルフ（Wolfe）のルール**と呼ばれる条件を満たすステップ幅は比較的簡単に求めることができるので実際によく用いられる．

> **アルミホのルール** 適当に選んだ定数 $\alpha, \beta \in (0,1)$ に対して，次式を満たす最小の非負整数 l を求め，$t_k := (\beta)^l$ とする．ただし $(\beta)^l$ は β の l 乗を表す．
>
> $$f(x^k + (\beta)^l d^k) - f(x^k) \leqq \alpha (\beta)^l \nabla f(x^k)^T d^k \tag{8.4}$$

アルミホのルールを満たすステップ幅を求めるには，$l = 0, 1, \ldots$ の順に不等式 (8.4) が成り立つかどうかを調べ，初めて (8.4) を満たした l を用いて $t_k := (\beta)^l$ とすればよい．

t_k がアルミホのルールを満たすとき，d^k が降下方向であることから，$f(x^k + t_k d^k) < f(x^k)$ が成り立つ．次に示すように，アルミホのルールを満たす非負の整数 l は必ず存在する．いま，$p(t) := f(x^k + td^k) - f(x^k)$ とすると，$p'(t) = \nabla f(x^k + td^k)^T d^k$ であるから，アルミホのルールは $t = (\beta)^l$ とおけば

$$p(t) \leqq \alpha p'(0)t \tag{8.5}$$

と書くことができる．$p(0) = 0$ であるから，$p'(0)t$ は $p(t)$ の $t = 0$ における接線を表し（図 8.2），t が小さいところでは，$p(t) \approx p'(0)t$ である．一方，$\alpha \in (0, 1)$ より，$t > 0$ において $\alpha p'(0)t > p'(0)t$ が成り立つ．よって，十分小さい t に対して不等式 (8.5) が成り立つので，アルミホのルールを満たすような非負整数 l が必ず存在する．

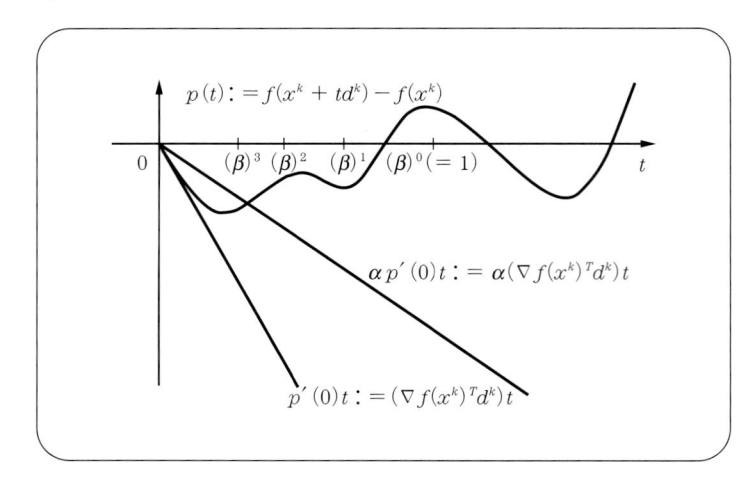

図 8.2 アルミホのルール

次にウォルフのルールの説明をしよう．

> **ウォルフのルール**　適当に選んだ定数 $0 < \rho_1 < \rho_2 < 1$ に対して，次の二つの条件を満たす $t_k > 0$ をステップ幅とする．
>
> $$f(x^k + t_k d^k) - f(x^k) \leqq \rho_1 t_k \nabla f(x^k)^T d^k$$
> $$\nabla f(x^k + t_k d^k)^T d^k \geqq \rho_2 \nabla f(x^k)^T d^k$$

一つ目の条件はアルミホのルールに現れる不等式 (8.4) と同じである．二つ目の条件はステップ幅 t_k が必要以上に小さくならないことを要求するものである．

以下に直線探索法の一般的な計算手順を記述する．

直線探索法

ステップ 0：（初期設定）　終了条件のパラメータ $\varepsilon \geqq 0$ を定める．初期点 x^0 を選ぶ．$k := 0$ とする．

ステップ 1：（終了判定）　x^k が終了条件 $\|\nabla f(x^k)\| \leqq \varepsilon$ を満たしていれば終了．

ステップ 2：（探索方向の計算）　降下方向 d^k を求める．

ステップ 3：（直線探索）　アルミホのルールまたはウォルフのルールを満たすステッ

プ幅 t_k を定める.

ステップ 4：（更新）　　　$x^{k+1} := x^k + t_k d^k$ とする.$k := k+1$ として，ステップ 1 へ.

次の定理で示すように，直線探索法は大域的収束性をもつ．なお，この定理では，終了条件のパラメータを $\varepsilon = 0$ とし，無限点列 $\{x^k\}$ が生成されると仮定している．

定理 8.1　　直線探索法で生成された点列 $\{x^k\}$ と降下方向の列 $\{d^k\}$ に対して，次式を満たす正の定数 $\gamma_1, \gamma_2, p_1, p_2$ が存在すると仮定する．

$$-\nabla f(x^k)^T d^k \geqq \gamma_1 \|\nabla f(x^k)\|^{p_1} \tag{8.6}$$

$$\|d^k\| \leqq \gamma_2 \|\nabla f(x^k)\|^{p_2} \tag{8.7}$$

このとき，点列 $\{x^k\}$ の任意の集積点 x^* は f の停留点である．

この定理において注意しなければならないことをいくつか挙げておこう．条件 (8.6) は探索方向 d^k が "十分によい" 降下方向となることを要求している．この条件を満たさない方向 d^k は目的関数の勾配 $\nabla f(x^k)$ とほとんど直交しているため，たとえ降下方向であっても目的関数値を十分減少させることはできない．条件 (8.7) はベクトル d^k が勾配 $\nabla f(x^k)$ に比べて大きくなり過ぎないことを要求している．

なお，定理 8.1 は，点列 $\{x^k\}$ の集積点が存在することや集積点が局所的最小点となることを保証していない．しかしながら，現実のたいていの問題において，直線探索法で生成される点列は局所的最小解に収束すると期待できる．

生成される点列 $\{x^k\}$ が集積点をもつための十分条件としては，例えば目的関数 f が

$$\lim_{\|x\| \to \infty} f(x) = +\infty \tag{8.8}$$

を満たすことなどが挙げられる．

定理 8.2　　直線探索法で生成される点列を $\{x^k\}$ とし，定理 8.1 の仮定を満たしているとする．このとき，目的関数 f が式 (8.8) を満たせば，$\{x^k\}$ には集積点 x^* が存在し，x^* は停留点である．さらに f が凸関数であれば，x^* は大域的最小解である．

各反復において定理 8.1 の仮定を満たす探索方向を計算することができれば，停留点を求めることができる．次節で紹介する**最急降下法**，**ニュートン法**，**準ニュートン法**は，適当な条件の下でこの仮定を満たす探索方向を生成する手法である．

8.2 直線探索法の例

この節では最も基本的な直線探索法である最急降下法,ニュートン法,準ニュートン法を紹介する.

〔1〕 **最急降下法**　目的関数の勾配の反対方向を**最急降下方向**と呼ぶ.

[**最急降下方向**]　$d^k := -\nabla f(x^k)$

その理由はこの方向が次の最小化問題の解になっているからである (章末の問 8.1 参照).

$$\begin{aligned} \min \quad & \nabla f(x^k)^T d \\ \text{s.t.} \quad & \|d\| = \|\nabla f(x^k)\| \end{aligned} \tag{8.9}$$

探索方向として最急降下方向を用いる手法を**最急降下法**という.

d^k が最急降下方向であるとき

$$\nabla f(x^k)^T d^k = -\|\nabla f(x^k)\|^2$$

となるから,d^k は定理 8.1 の仮定を満たし,最急降下法は大域的収束する.

いま,最急降下法によって生成された点列 $\{x^k\}$ が停留点 x^* に収束し,停留点 x^* において最適性の 2 次の十分条件が成り立つ,つまりヘッセ行列 $\nabla^2 f(x^*)$ は正定値であるとしよう.$\nabla^2 f(x^*)$ の最大固有値と最小固有値を $\lambda_{\max} \geq \lambda_{\min} > 0$ としたとき,$\kappa := \lambda_{\max}/\lambda_{\min}$ をヘッセ行列の**条件数**と呼ぶ.最急降下法において,問題 (8.3) の最小解をステップ幅 t_k として採用したとき,十分大きい k に対して

$$0 \leq f(x^{k+1}) - f(x^*) \leq \tau(f(x^k) - f(x^*))$$

となるような $\tau \in (0,1)$ が存在することが知られている.さらに,この定数 τ は $\tau \approx (\kappa-1)/(\kappa+1) < 1$ を満たすことがいえる (条件数 κ は必ず 1 以上であることに注意).よって,極限 x^* におけるヘッセ行列の条件数 κ が 1 に近いときは τ が小さくなるので最急降下法の収束は速いが,条件数が大きいときは τ はほとんど 1 に等しくなるので収束は遅くなる (図 **8.3**).

最急降下法の性質を以下にまとめる.

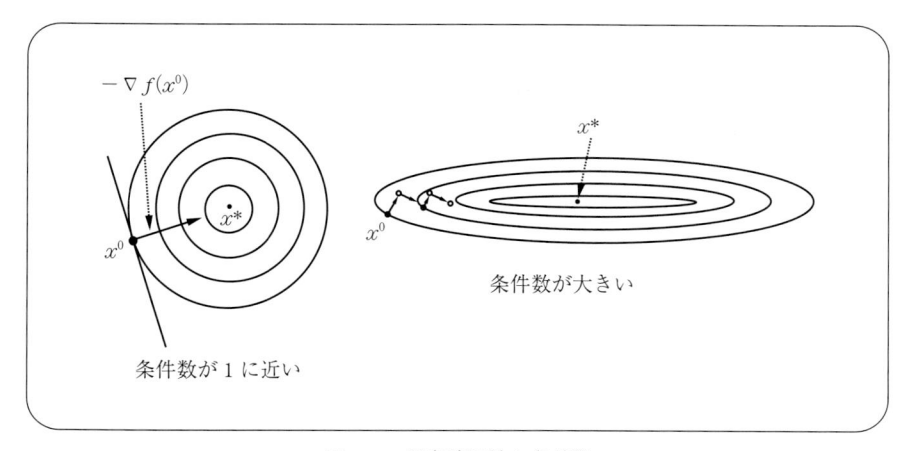

図 8.3 最急降下法と条件数

> **よい点 1**：目的関数の勾配のみを用いて探索方向を求めることができるので計算が簡単である．
> **よい点 2**：大域的収束性をもつ．
> **悪い点 1**：一般に収束が遅い．

決定変数に対して変数変換を施してヘッセ行列の条件数を小さくできれば，収束を速められると期待できる．正則な $n \times n$ 対称行列 B を用いた変数変換 $y = Bx$ を考えよう．$x = B^{-1}y$ であるから，この変数変換によって，問題 (8.1) は $\hat{f}(y) := f(B^{-1}y)$ を目的関数とする制約なし最小化問題に変換される．この問題に対して最急降下法を適用すると次の反復を得る．

$$y^{k+1} = y^k - t_k \nabla \hat{f}(y^k) = y^k - t_k B^{-1} \nabla f(B^{-1} y^k) \tag{8.10}$$

点 $y^* = B^{-1} x^*$ における $\hat{f}$ のヘッセ行列は

$$\nabla^2 \hat{f}(y^*) = \nabla(B^{-1} \nabla f(B^{-1} y^*)) = B^{-1} \nabla^2 f(x^*) B^{-1}$$

となるから，変数変換を施した最急降下法 (8.10) の収束の速さは，行列 $B^{-1} \nabla^2 f(x^*) B^{-1}$ の条件数に依存する．$B^{-1} \nabla^2 f(x^*) B^{-1} \approx I$ となるように B を選ぶことができれば，ヘッセ行列 $\nabla^2 \hat{f}(y^*)$ の条件数は 1 に近くなり，非常に速い収束が期待できる．もちろん，$\nabla^2 f(x^*)$ をあらかじめ知ることは難しいので，このような変数変換を行って高速化を試みるときは，何らかの方法で $\nabla^2 f(x^*)$ を推定する必要がある．

〔**2**〕**ニュートン法** ニュートン法は勾配だけでなくヘッセ行列の情報も用いる手法である．目的関数 f を点 x^k において 2 次近似した関数を

$$\tilde{f}_k(x) = f(x^k) + \nabla f(x^k)^T (x - x^k) + \frac{1}{2}(x - x^k)^T \nabla^2 f(x^k)(x - x^k) \tag{8.11}$$

とする．このとき制約なし最小化問題

$$\begin{align*} \min \quad & \tilde{f}_k(x) \\ \text{s.t.} \quad & x \in R^n \end{align*} \tag{8.12}$$

の最小解 $\tilde{x}$ は問題 (8.1) のよい近似解である可能性が高い．いま，$\nabla^2 f(x^k)$ は正定値行列であると仮定すれば，2 次関数 $\tilde{f}_k$ は凸関数である．このとき，問題 (8.12) の最適性の 1 次の必要条件 $\nabla \tilde{f}_k(\tilde{x}) = 0$ より，$\nabla f(x^k) + \nabla^2 f(x^k)(\tilde{x} - x^k) = 0$，すなわち

$$\tilde{x} - x^k = -\nabla^2 f(x^k)^{-1} \nabla f(x^k)$$

が成り立つ．現在の点 x^k から $\tilde{x}$ への方向 $d_N^k = \tilde{x} - x^k$ を**ニュートン方向**という．

[ニュートン方向] $\quad d_N^k := -\nabla^2 f(x^k)^{-1} \nabla f(x^k)$

ニュートン方向を探索方向として用いる反復法を**ニュートン法**という．

ここで，$\nabla^2 f(x)^{-1}$ は一様に正定値かつ有界，つまりすべての $x \in R^n$ に対して次の不等式が成り立つような正の定数 μ_1 と μ_2 が存在するとしよう[†]．

$$\mu_1 \|v\|^2 \geqq v^T \nabla^2 f(x)^{-1} v \geqq \mu_2 \|v\|^2 \quad \forall v \in R^n$$

このとき，すべての k に対して

$$\begin{align*} \nabla f(x^k)^T d_N^k &= -\nabla f(x^k)^T \nabla^2 f(x^k)^{-1} \nabla f(x^k) \\ &\leqq -\mu_2 \|\nabla f(x^k)\|^2 \end{align*}$$

と

$$\begin{align*} \|d_N^k\|^2 &= |\nabla f(x^k)^T (\nabla^2 f(x^k)^{-1})^2 \nabla f(x^k)| \\ &\leqq (\mu_1)^2 \|\nabla f(x^k)\|^2 \end{align*}$$

が成り立つから，定理 8.1 の仮定が満たされる．よって，ニュートン法は大域的収束する．しかしながら，$\nabla^2 f(x)^{-1}$ が一様に正定値であるという仮定は非常に厳しい条件であり，多くの問題に対して成立しない．特に，ニュートン方向はしばしば降下方向とならない．例として，関数 $f(x_1, x_2) = x_1^4 - 2x_1^2 + x_2^2$ を考えてみよう．

$$\nabla f(x) = \begin{pmatrix} 4x_1^3 - 4x_1 \\ 2x_2 \end{pmatrix}, \quad \nabla^2 f(x) = \begin{pmatrix} 12x_1^2 - 4 & 0 \\ 0 & 2 \end{pmatrix}$$

[†] この仮定の下で，関数 f は狭義凸関数となる．

であるから，初期点を $x^0 = (1/4, 0)^T$ とすると

$$\nabla f(x^0) = \begin{pmatrix} -\dfrac{15}{16} \\ 0 \end{pmatrix}, \ \nabla^2 f(x^0) = \begin{pmatrix} -\dfrac{13}{4} & 0 \\ 0 & 2 \end{pmatrix}$$

となる．このとき，ニュートン方向は $d_N^0 = (-15/52, 0)^T$ であり，$\nabla f(x^0)^T d_N^0 = 225/832 > 0$ となるので降下方向ではない．

　ニュートン法は，収束するときには非常に速く収束する．実際，以下に示すように，ニュートン法は 2 次収束する．いま，x^* を問題 (8.1) の最小解とし，x^* において最適性の 2 次の十分条件が成り立つとしよう．f が 2 回連続的微分可能であれば

$$0 = \nabla f(x^*) = \nabla f(x) + \nabla^2 f(x)(x^* - x) + O(\|x - x^*\|^2)$$

より

$$\|\nabla^2 f(x)(x - x^*) - \nabla f(x)\| = O(\|x - x^*\|^2) \tag{8.13}$$

が成り立つ．さらに最適性の 2 次の十分条件より，$\nabla^2 f(x^*)$ は正定値，すなわち正則であるから，ある定数 $C > 0$ が存在して，$\|x - x^*\|$ が十分小さいとき

$$\|\nabla^2 f(x)^{-1}\| \leqq C \tag{8.14}$$

が成立する†．したがって，x^k が x^* に十分近いとき，式 (8.13) と式 (8.14) より

$$\begin{aligned}
\|x^{k+1} - x^*\| &= \|x^k - \nabla^2 f(x^k)^{-1} \nabla f(x^k) - x^*\| \\
&\leqq \|\nabla^2 f(x^k)^{-1}\| \|\nabla^2 f(x^k)(x^k - x^*) - \nabla f(x^k)\| \\
&= O(\|x^k - x^*\|^2)
\end{aligned}$$

が成り立つ．これは，ステップ幅を 1 としたニュートン法の反復 $x^{k+1} = x^k + d_N^k$ によって生成される点列 $\{x^k\}$ は x^* に 2 次収束することを示している．

　ニュートン方向 d_N^k は線形方程式 $\nabla^2 f(x^k) d = -\nabla f(x^k)$ を解くことにより求められる．一般に，n 変数の線形方程式はガウスの消去法や LU 分解を用いて $O(n^3)$ の計算時間で解くことができる．

　ニュートン法の特徴を以下にまとめる．

よい点 1：収束するときは非常に速く収束する (2 次収束)．

よい点 2：ヘッセ行列が疎な場合は，少ないメモリで実装できる (行列が疎であるとは，

---

† $\|\nabla^2 f(x)^{-1}\|$ は $\nabla^2 f(x)^{-1}$ の行列ノルムを表す．

> 行列の成分中に 0 でない成分 (非零成分) の占める割合が小さいことをいう).
>
> **悪い点 1**：大域的収束性が保証されない．
>
> **悪い点 2**：各反復で線形方程式を解く必要がある．

上記のよい点 2 は，つぎの準ニュートン法と対比しての性質であり，その詳細は次項で説明する．

〔3〕**準ニュートン法**　準ニュートン法は最急降下法がもつ大域的収束性とニュートン法がもつ高速性を兼ね備えた手法である．

$n \times n$ 正定値対称行列 H_k を用いて探索方向 d^k を次式で定義する．

$$d^k := -H_k \nabla f(x^k) \tag{8.15}$$

$\nabla f(x^k) \neq 0$ であれば，

$$(d^k)^T \nabla f(x^k) = -\nabla f(x^k)^T H_k \nabla f(x^k) < 0$$

となるから，d^k は降下方向となる．特に，$H_k = I$ とすれば d^k は最急降下方向と一致し，$H_k = \nabla^2 f(x^k)^{-1}$ とすれば d^k はニュートン方向となる．しかし，一般にヘッセ行列は正定値行列とならないため，$H_k = \nabla^2 f(x^k)^{-1}$ とすることはできない．そこで，正定値性を保ったうえで $\nabla^2 f(x^k)^{-1}$ のよい近似行列になるように H_k を定めることを考えよう．$\nabla f(x)$ の第 i 成分 $(\nabla f(x))_i = \partial f(x)/\partial x_i$ の点 x^k におけるテイラー展開を考えると

$$\begin{aligned}(\nabla f(x^{k+1}))_i - (\nabla f(x^k))_i &= \frac{\partial f(x^{k+1})}{\partial x_i} - \frac{\partial f(x^k)}{\partial x_i} \\ &= \left(\nabla \frac{\partial f(x^{k+1})}{\partial x_i}\right)^T (x^{k+1} - x^k) + o(\|x^{k+1} - x^k\|)\end{aligned}$$

となり，$(\nabla \partial f(x^{k+1})/\partial x_i)^T$ は $\nabla^2 f(x^{k+1})$ の第 i 行であることから

$$\nabla f(x^{k+1}) - \nabla f(x^k) = \nabla^2 f(x^{k+1})(x^{k+1} - x^k) + o(\|x^{k+1} - x^k\|)$$

が成立する．よって

$$\nabla^2 f(x^{k+1})^{-1} \left(\nabla f(x^{k+1}) - \nabla f(x^k)\right) \approx x^{k+1} - x^k$$

となるから

$$s^k := x^{k+1} - x^k$$
$$y^k := \nabla f(x^{k+1}) - \nabla f(x^k)$$

とおいたとき

$$H_{k+1}y^k = s^k \tag{8.16}$$

を満たすように正定値行列 H_{k+1} を定めれば，H_{k+1} は $\nabla^2 f(x^{k+1})^{-1}$ のよい近似行列と見なせるであろう．条件 (8.16) を**セカント条件**と呼ぶ．

セカント条件を満たすように正定値対称行列 H_{k+1} を定める際には，前の反復で用いた H_k に修正を加えるのが効率的である．これまでに H_k を更新するさまざまな方法が提案されているが，次の更新規則は **BFGS** (Broyden-Fletcher-Goldfarb-Shanno) **公式**と呼ばれ，実際に最もよく用いられている方法である．BFGS 公式を用いれば $O(n^2)$ の算術演算で H_{k+1} を計算することができる．

BFGS 公式：
$$H_{k+1} = H_k - \frac{H_k y^k (s^k)^T + s^k (H_k y^k)^T}{(s^k)^T y^k} + \left\{ 1 + \frac{(y^k)^T H_k y^k}{(s^k)^T y^k} \right\} \frac{s^k (s^k)^T}{(s^k)^T y^k} \tag{8.17}$$

$(s^k)^T y^k > 0$ が成り立つとき，H_k が正定値行列であれば，H_{k+1} も正定値行列となる (章末の問 8.2 参照)．特に，目的関数 f が狭義凸関数であれば，常に $(s^k)^T y^k > 0$ は成立する．また一般の非線形関数であってもステップ幅をウォルフのルール (8.1 節) を満たすように定めれば，条件 $(s^k)^T y^k > 0$ は成り立つ．実際，ウォルフのルールが満たされるとき

$$\nabla f(x^{k+1})^T s^k \geqq \rho_2 \nabla f(x^k)^T s^k$$

となるが，$\nabla f(x^k)^T s^k = t_k \nabla f(x^k)^T d^k < 0$ かつ $\rho_2 < 1$ であることに注意すると

$$(s^k)^T y^k = (\nabla f(x^{k+1}) - \nabla f(x^k))^T s^k \geqq (\rho_2 - 1) \nabla f(x^k)^T s^k > 0$$

が成り立つことがわかる．さらに，BFGS 公式 (8.17) より

$$\begin{aligned} H_{k+1} y^k &= H_k y^k - \frac{H_k y^k (s^k)^T y^k + s^k (H_k y^k)^T y^k}{(s^k)^T y^k} + \left\{ 1 + \frac{(y^k)^T H_k y^k}{(s^k)^T y^k} \right\} \frac{s^k (s^k)^T y^k}{(s^k)^T y^k} \\ &= H_k y^k - H_k y^k - \frac{(y^k)^T H_k y^k}{(s^k)^T y^k} s^k + s^k + \frac{(y^k)^T H_k y^k}{(s^k)^T y^k} s^k \\ &= s^k \end{aligned}$$

となるので，H_{k+1} はセカント条件 (8.16) を満たす．

セカント条件を満たす正定値対称行列 H_k を用いて式 (8.15) によって探索方向 d^k を生成する方法を**準ニュートン法**という．準ニュートン法では，ニュートン法と違い，各反復で線形方程式を解く必要がなく，$O(n^2)$ の算術演算で探索方向を計算することができる．

次に準ニュートン法の収束性を考えてみよう．正の定数 c_1 と c_2 が存在して，すべての k に対して

$$c_1\|v\|^2 \leq v^T H_k v \leq c_2\|v\|^2 \quad \forall v \in R^n$$

が成り立つと仮定する．このとき，定理 8.1 の仮定が満たされるので，準ニュートン法は大域的収束する．

x^* を 2 次の十分条件を満たす局所的最小解としたとき，初期点 x^0 と初期行列 H_0 をそれぞれ x^* と $\nabla^2 f(x^*)$ に十分近く選ぶことができれば，準ニュートン法で生成される点列 $\{x^k\}$ は x^* に超 1 次収束する．ただし，あらかじめ $\nabla^2 f(x^*)$ を推定することは難しいので，$H_0 = I$ とすることが多い．このようにしても，多くの場合，高速に解を求めることができる．

これまでは準ニュートン法のよい点を説明してきたが，準ニュートン法には，その実装に多くのメモリを要するという欠点がある．決定変数の次元 n が大きい現実の問題では，目的関数のヘッセ行列が疎になることが多い．例えば，関数 $f(x) = \sum_{i=1}^{n-1}(x_i - x_{i+1})^2$ のヘッセ行列

$$\nabla^2 f(x) = \begin{pmatrix} 2 & -2 & 0 & \cdots & 0 \\ -2 & 4 & -2 & \ddots & \vdots \\ 0 & -2 & \ddots & \ddots & 0 \\ \vdots & \ddots & \ddots & 4 & -2 \\ 0 & \cdots & 0 & -2 & 2 \end{pmatrix}$$

の非零成分の数は $3n-2$ 個である．n が大きくなると，行列の成分数 n^2 に比べて非零成分の数は相対的に減少するので，疎な行列になる．疎な行列に対しては，非零成分のみを記憶するようなデータ構造を使うことによって，少ないメモリと計算時間で，行列演算や逆行列の計算をすることができる．しかしながら，たとえヘッセ行列が疎であっても BFGS 公式によって更新された行列 H_k は疎にならないので，大規模な問題に対しては多くのメモリが必要となる．

BFGS 公式を用いる準ニュートン法の特徴を以下にまとめる．

よい点 1：ニュートン法と比べて，一般に反復当りの計算量が少ない．

よい点 2：大域的収束性と超 1 次収束性をもつ，

悪い点 1：$O(n^2)$ のメモリが必要となり，大規模な問題にはあまり適さない．

談話室

共役勾配法 凸2次関数 $f(x) = x^T Q x/2 + q^T x$ の制約なし最小化問題を考えよう．ただし，Q は $n \times n$ 正定値対称行列，q は n 次元ベクトルである．この問題の代表的な解法の一つに**共役方向法**がある．0でない n 次元ベクトル d^i と d^j が

$$(d^i)^T Q d^j = 0$$

を満たすとき，d^i と d^j は Q 共役であるという．共役方向法は，これまでに生成された探索方向 $d^0, d^1, \ldots, d^{k-1}$ と Q 共役であるようなベクトル d^k を用いて

$$x^{k+1} := x^k + t_k d^k$$

とすることにより，点列 $\{x^k\}$ を生成する．ただし，t_k は問題

$$\begin{aligned} \min \quad & f(x^k + t d^k) \\ \text{s.t.} \quad & t \in R \end{aligned} \tag{8.18}$$

の最小解である．共役方向法はたかだか n 回の反復で f の最小解を見つける．d^k を

$$d^k := -\nabla f(x^k) + \frac{\nabla f(x^k)^T \nabla f(x^k)}{\nabla f(x^{k-1})^T \nabla f(x^{k-1})} d^{k-1} \tag{8.19}$$

と定めれば，d^k は $d^0, d^1, \ldots, d^{k-1}$ と Q 共役になる．式 (8.19) を用いてベクトル d^k を計算する共役方向法を**共役勾配法**という．一方，(8.18) の最小解をステップ幅 t_k とする準ニュートン法において，$d^k := -H_k \nabla f(x^k)$ は $d^0, d^1, \ldots, d^{k-1}$ と Q 共役になることが示せる．よって準ニュートン法も共役方向法の一つということができる．共役勾配法は，ヘッセ行列やその近似行列を計算する必要がないため，大規模な問題に適用することができる．しかし，一般の非線形関数に対しては，式 (8.19) で求めた d^k は必ずしも降下方向とならないため，大域的収束は保証されない．

8.3 信頼領域法

この節では，ニュートン法に大域的収束性をもたせる手法の一つである信頼領域法を

紹介する．

直線探索を行わないニュートン法は，式 (8.11) で定義した 2 次近似関数 $\tilde{f}_k(x)$ の最小点をそのまま次の反復点 x^{k+1} とする手法であり，問題 (8.1) に対する最適性の 2 次の十分条件を満たす最小解 x^* のそばに初期点 x^0 を選べば，生成される点列は x^* に 2 次収束する．しかし，初期点 x^0 が解から遠いときには，ある反復において以下のような問題が生じる可能性がある．(i) $\nabla^2 f(x^k)$ は正定値行列とはかぎらないので，2 次近似関数 $\tilde{f}_k(x)$ はいくらでも小さい値をとりうる．そのとき，次の反復点 x^{k+1} を定めることはできない．(ii) $\nabla^2 f(x^k)$ が正定値であっても，近似関数 $\tilde{f}_k(x)$ と真の目的関数 $f(x)$ のずれは点 x^k から離れるにつれて大きくなるので，$f(x^{k+1}) > f(x^k)$ となってしまう．

それらの欠点を克服するために，$\tilde{f}_k$ が f を十分よく近似していると期待される集合上で $\tilde{f}_k$ の最小点を求め，それを次の反復点とする方法が考えられる．この方法を**信頼領域法**と呼ぶ．

まず，$d := x - x^k$ とおき，関数 $\tilde{f}_k(x)$ の代わりに d を変数とする 2 次関数

$$q_k(d) := \tilde{f}_k(x^k + d) = f(x^k) + \nabla f(x^k)^T d + \frac{1}{2} d^T \nabla^2 f(x^k) d$$

を考える．信頼領域法において探索方向 d^k は次の不等式制約付き最小化問題の解として与えられる．

$$\begin{aligned}\min \quad & q_k(d) \\ \text{s.t.} \quad & \|d\| \leq \delta_k\end{aligned} \tag{8.20}$$

この問題の実行可能集合 $\{d \mid \|d\| \leq \delta_k\}$ を**信頼領域**と呼ぶ．ここで，δ_k は信頼領域の大きさを調整する正のパラメータであり，**信頼半径**と呼ぶ．

信頼領域は有界閉集合であり，関数 q_k は連続なので，ヘッセ行列 $\nabla^2 f(x^k)$ が正定値行列でなくても，部分問題 (8.20) は必ず最小解 d^k をもつ．

信頼領域法の収束を保証するには，信頼半径 δ_k を適切に調整する必要がある．点 x^k から $x^k + d^k$ に移動したとき，部分問題 (8.20) の目的関数値の減少量を Δq_k，本来の目的関数 f の減少量を Δf_k とする．Δq_k と Δf_k は，それぞれ

$$\Delta q_k := q_k(d^k) - q_k(0) = \tilde{f}_k(x^k + d^k) - f(x^k) = \nabla f(x^k)^T d^k + \frac{1}{2}(d^k)^T \nabla^2 f(x^k) d^k$$

$$\Delta f_k := f(x^k + d^k) - f(x^k)$$

と表される．ここで，部分問題 (8.20) において，$d = 0$ が最小解でなければ，必ず $\Delta q_k < 0$ であるが，Δf_k の値は必ずしも負とはかぎらない．Δq_k と Δf_k を用いて関数 q_k (すなわち $\tilde{f}_k$) の f に対する近似度を $r_k := \Delta f_k / \Delta q_k$ で定義する．信頼領域において関数 $\tilde{f}_k$ が目的関

数 f を精度よく近似できていれば，$r_k \approx 1$ となるはずである．信頼領域法では，r_k が正であれば x^k から $x^k + d^k$ に移動したとき目的関数 f の値が減少するので，$x^{k+1} := x^k + d^k$ とする．さらに，目的関数値が十分減少しているときは，すなわち r_k が大きいときは，信頼半径 δ_k を大きくする．一方，r_k の値が負のとき，または正であっても 0 に近いときは，信頼領域が大き過ぎるため f の近似が不十分であると判断して，$x^{k+1} := x^k$ としたうえで信頼半径 δ_k を小さくする．

信頼領域法の計算手順を以下に記述する．

信頼領域法

ステップ **0**：（初期化）　初期点 x^0, 初期信頼半径 δ_0, パラメータ $0 < c_1 < c_2 < 1$, $0 < c_3 < 1 < c_4$ を選ぶ．$k := 0$ とおく．

ステップ **1**：（終了判定）　終了条件を満たせば終了．

ステップ **2**：（探索方向と近似度の計算）　部分問題 (8.20) を解いて探索方向 d^k を求める．近似度 $r_k := \Delta f_k / \Delta q_k$ を計算する．

ステップ **3**：（点列の更新）　もし $r_k \geq c_1$ ならば $x^{k+1} := x^k + d^k$ とし，そうでなければ $x_{k+1} := x_k$ とする．

ステップ **4**：（信頼半径の更新）　信頼半径を次のように更新する．

$$\delta_{k+1} := \begin{cases} c_4 \delta_k & (r_k \geq c_2) \\ \delta_k & (c_1 \leq r_k < c_2) \\ c_3 \delta_k & (r_k < c_1) \end{cases}$$

$k := k + 1$ とおいてステップ 1 へ．

直線探索法では探索方向を定めてからステップ幅を決めたが，信頼領域法では信頼半径を決めてから探索方向を求めていることに注意しよう．

信頼領域法の収束性を考えてみよう．すべての k に対して $\delta_k \geq \bar{\delta}$ となるような定数 $\bar{\delta} > 0$ が存在し，部分問題 (8.20) の最小解 d^k が 0 に収束すると仮定する．問題 (8.20) と等価な問題

$$\begin{align} \min \quad & q_k(d) \\ \text{s.t.} \quad & \frac{1}{2}\|d\|^2 \leq \frac{1}{2}\delta_k^2 \end{align} \tag{8.21}$$

の KKT 条件は

$$\nabla f(x^k) + \nabla^2 f(x^k) d^k + \mu_k d^k = 0 \tag{8.22}$$

$$\frac{1}{2}\|d^k\|^2 \leq \frac{1}{2}\delta_k^2, \quad \mu_k \geq 0, \quad \mu_k \left(\frac{1}{2}\|d^k\|^2 - \frac{1}{2}\delta_k^2 \right) = 0 \tag{8.23}$$

と書ける．ただし μ_k はラグランジュ乗数である．$d^k \to 0$ かつ $\delta_k > \bar{\delta}$ であるから，k が十分大きいとき式 (8.23) より $\mu_k = 0$ となる．点列 $\{x^k\}$ の集積点を x^* とすると，式 (8.22) の極限をとることにより問題 (8.1) に対する最適性の 1 次の必要条件

$$\nabla f(x^*) = 0$$

を得る．次に最適性の 2 次の条件を調べよう．k が十分大きいときには $\|d^k\| < \delta_k$ となることから，d^k は実質的に $q_k(d)$ の制約なし最小化問題の最小解であると見なすことができる．そのため，制約なし最小化問題に対する 2 次の必要条件より，十分大きい k では $\nabla^2 f(x^k)$ は半正定値行列になる．よって，$\{x^k\}$ の集積点である x^* においても $\nabla^2 f(x^*)$ は半正定値行列になる，つまり，問題 (8.1) の 2 次の必要条件が成り立つ．このように，信頼領域法で生成される点列の集積点 x^* では 1 次と 2 次の必要条件が成り立つ．一方，直線探索法においては，生成される点列の集積点が 2 次の必要条件を満たすことは保証されない．

次に収束の速さを調べよう．$\{x^k\}$ の集積点 x^* において問題 (8.1) の 2 次の十分条件が成り立つと仮定する．そのとき，x^k が x^* に十分近づけば，$\nabla^2 f(x^k)$ も正定値行列となり，ニュートン方向 $d_N^k = -\nabla^2 f(x^k)^{-1} \nabla f(x^k)$ を計算することができる．$\nabla f(x^k) \to 0$ かつ $\delta_k > \bar{\delta}$ であるから，十分大きい k に対して $\delta_k > \|d_N^k\|$ が成り立つ†．このとき，ニュートン方向 d_N^k は問題 (8.20) の解となる．その結果，x^* の近くでは信頼領域法の振舞いはニュートン法と一致し，$\{x^k\}$ は x^* に 2 次収束する．

以上のことをより厳密に議論すれば，次の定理を示すことができる．

定理 8.3 信頼領域法によって生成される点列を $\{x^k\}$ とする．このとき，点列 $\{x^k\}$ の任意の集積点 x^* は問題 (8.1) に対する 1 次と 2 次の必要条件を満たす．さらに，$\nabla^2 f(x^*)$ が正定値行列であれば，$\{x^k\}$ は x^* に 2 次収束する．

このように信頼領域法は理論的に優れた性質をもっているが，実用的には，いかに効率よく部分問題 (8.20) を解くかが課題となる．部分問題の解法としては，正確に解く方法と，近似的に解く方法がある．

まず，近似的に解く方法である**ドッグレッグ法**を紹介しよう．部分問題 (8.20) に対して，次の定理を示すことができる．

定理 8.4 d^k が部分問題 (8.20) の大域的最小解であるための必要十分条件は，次の条件を満足する $\mu \in R$ が存在することである．

(a) $(\nabla^2 f(x^k) + \mu I)d^k = -\nabla f(x^k)$

---

† 十分大きい k に対して $\|\nabla^2 f(x^k)^{-1}\| \leq C$ となる正の定数 C が存在することから従う．

(b) $\|d^k\| \leq \delta_k, \mu \geq 0$

(c) $\mu(\|d^k\| - \delta_k) = 0$

(d) $\nabla^2 f(x^k) + \mu I$ は半正定値

定理の条件 (a)〜(c) は問題 (8.21) の KKT 条件 (8.22), (8.23) にほかならない.

$\mu = 0$ が条件 (a)〜(d) を満たせば, d^k はニュートン方向と一致する. 一方, $\mu > 0$ であれば, 条件 (c) より

$$\|d^k\| = \delta_k \tag{8.24}$$

が成立する. さらに, $\nabla^2 f(x^k) + \mu I$ が正則であれば, 条件 (a) より

$$d^k = -(\nabla^2 f(x^k) + \mu I)^{-1} \nabla f(x^k) \tag{8.25}$$

と表せる. ここで, 問題 (8.20) において信頼半径 δ_k を変化させたとき, 最小解 d^k がどのように変化するか見てみよう. $\delta_k \to 0$ としたとき, 式 (8.24) より $d^k \to 0$ となる. さらに, そのとき式 (8.25) より $\mu \to \infty$ とならなければならないから (いま, x^k は固定して議論していることに注意)

$$\mu(\nabla^2 f(x^k) + \mu I)^{-1} = \left(\frac{1}{\mu}\nabla^2 f(x^k) + I\right)^{-1} \to I$$

が成り立つ. よって

$$\mu d^k = -\mu(\nabla^2 f(x^k) + \mu I)^{-1} \nabla f(x^k) \to -\nabla f(x^k)$$

となるから, 信頼半径 δ_k が小さくなると, d^k の向きは最急降下方向 $-\nabla f(x^k)$ とほとんど同じ方向になることがわかる. 逆に, 信頼半径が十分大きく, $\nabla^2 f(x^k)$ が正定値のときは, ニュートン方向 $d_N^k = -\nabla^2 f(x^k)^{-1} \nabla f(x^k)$ と $\mu = 0$ が定理の条件 (a)〜(d) を満たすため, d^k はニュートン方向 d_N^k と一致する. 信頼半径を変化させたときに d^k の描く軌跡は図 **8.4** の太線のようになる.

部分問題 (8.20) に対するドッグレッグ法は, この軌跡を近似的に表した折れ線上で原点からの距離が δ_k となる点を求め, それを部分問題 (8.20) の近似解として採用する. 以下では, $\nabla f(x^k) \neq 0$ かつ $\nabla^2 f(x^k)$ は正定値行列と仮定する. 上で述べたように, δ_k が小さいとき d_k の向きは最急降下方向 $-\nabla f(x^k)$ にほとんど一致するから, まず原点から最急降下方向に線分を描く (図 **8.5** (a) 太線). 最急降下方向に沿って進むとき, $q_k(d)$ が最小となる点をコーシー点と呼ぶ. コーシー点 d_c^k は

$$\begin{aligned} \min \quad & q_k(-t\nabla f(x^k)) \\ \text{s.t.} \quad & t > 0 \end{aligned}$$

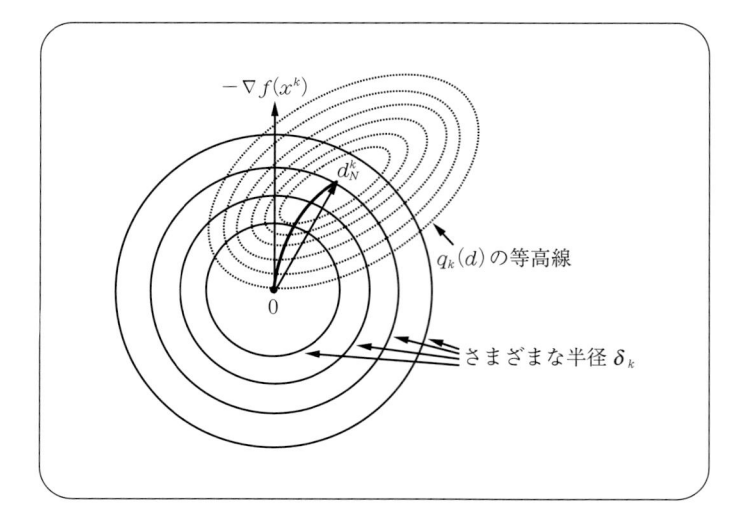

図 8.4 信頼半径を変化させたときの d^k の軌跡

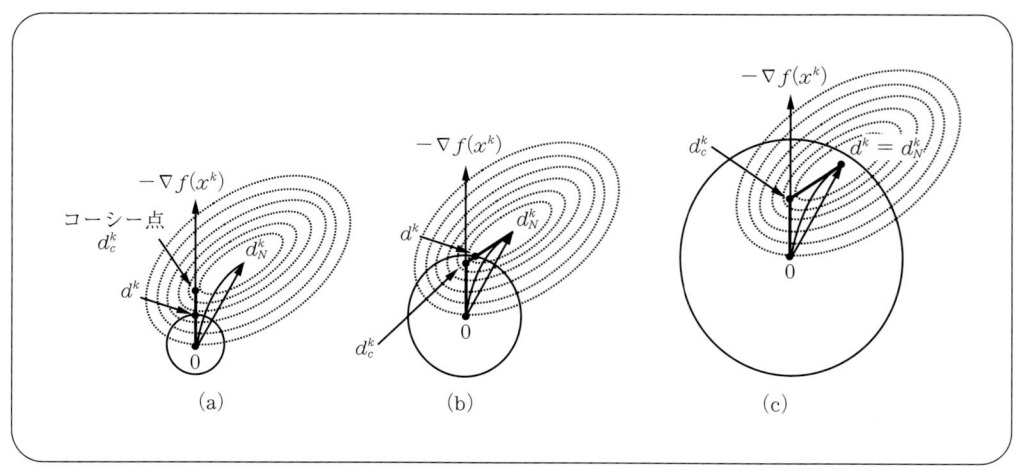

図 8.5 ドッグレッグ法

の最小解を t^* とすると，$d_c^k := -t^* \nabla f(x^k)$ と表せる．もし，$\|d_c^k\| \geq \delta_k$ であれば

$$d^k := -\frac{\delta_k}{\|\nabla f(x^k)\|} \nabla f(x^k)$$

とする (図 8.5 (a))．そうでない場合は，コーシー点 d_c^k からニュートン方向 d_N^k に線分を引く．その結果，原点からコーシー点 d_c^k を経由して，ニュートン方向 d_N^k で止まる折れ線が描ける (図 8.5 (b), (c))[†]．ここでもし $\|d_N^k\| \leq \delta_k$ であれば $d^k := d_N^k$ とし (図 8.5 (c))，そうでなければ，コーシー点 d_c^k からニュートン方向 d_N^k に向かう線分上で原点からの距離が信頼半径 δ_k と等しくなる点を d^k とする (図 8.5 (b))．ドッグレッグ法では最急降下方向とニュートン方向を用いて部分問題 (8.20) の近似解 d^k を計算する．また，$\nabla^2 f(x^k)$ が疎な行列である

---

† この折れ線の形状が犬の足に見えることがドッグレッグ法の名前の由来である．

場合，その性質を利用して d^k を計算できるため，大規模な問題にも適用することができる．しかし，$\nabla^2 f(x^k)$ が正定値行列でないときには，ニュートン方向 d_N^k が $q_k(d)$ の制約なしでの最小解にならないため，上で説明したドッグレッグ法をそのまま適用することはできない．

次に，問題 (8.20) を正確に解く方法を紹介しよう．この手法は問題 (8.20) と等価な条件 (a)〜(d) を満たす d^k と μ を求めるものであり，$\nabla^2 f(x^k)$ が正定値行列でないときにも適用することができる．まず，$\mu = 0$ とニュートン方向 d_N^k が条件 (a)〜(d) を満たすときは，$d^k := d_N^k$ とする．そうでないときは，$\mu > 0$ となるから，式 (8.24) が成立する．いま，条件 (a) を満たす d^k を $d^k(\mu)$ とすると，式 (8.24) は

$$\|d^k(\mu)\| - \delta_k = 0 \tag{8.26}$$

と表せる．これは 1 次元の変数 μ をもつ非線形方程式と見なせる．この非線形方程式を解くことによって，部分問題 (8.20) の最小解を求めることを考える．

$\nabla^2 f(x^k)$ の最小固有値を $\mu_{\min}$ とする ($\mu_{\min} > 0$ ならば，$\nabla^2 f(x^k)$ は正定値行列である)．条件 (b) と (d) を満たすためには，$\mu \geq \max\{0, -\mu_{\min}\}$ でなければならない．$\mu > -\mu_{\min}$ のとき，行列 $\nabla^2 f(x^k) + \mu I$ は正定値となるから

$$d^k(\mu) = -(\nabla^2 f(x^k) + \mu I)^{-1} \nabla f(x^k) \tag{8.27}$$

と表せる．さらに，$\lim_{\mu \downarrow -\mu_{\min}} \|d^k(\mu)\| = \infty$ かつ $\lim_{\mu \to \infty} \|d^k(\mu)\| = 0$ であることに注意すると，非線形方程式 (8.26) は $\mu > -\mu_{\min}$ となる解 μ をもつことがわかる．したがって，式 (8.27) を式 (8.26) に代入して得られる非線形方程式

$$\|(\nabla^2 f(x^k) + \mu I)^{-1} \nabla f(x^k)\| - \delta_k = 0$$

の解 μ をニュートン法などの方法で求め，それを式 (8.27) に代入すれば，部分問題 (8.20) の最小解 d^k を求めることができる．

信頼領域法の長所と短所を以下にまとめる．

よい点 1：大域的収束性が保証されている．

よい点 2：非常に速く収束する (2 次収束)．

よい点 3：生成される点列の極限は 1 次の必要条件だけでなく，2 次の必要条件も満たす．

悪い点 1：各反復において制約付き最小化問題を解かなければならない．

本章のまとめ

❶ **降下方向**　目的関数の勾配と鈍角をなす方向．

❷ **アルミホのルール**　降下方向に沿って目的関数値が減少するようなステップ幅を見つける手法の一つ．

❸ **降下法**　各反復において目的関数の値を減少させる反復法．

❹ **直線探索法**　各反復において降下方向とステップ幅を適切に定めることにより，目的関数値が単調に減少するように点列を生成する手法．

❺ **最急降下法**　探索方向を $d^k = -\nabla f(x^k)$ とする直線探索法．

❻ **ニュートン法**　探索方向を $d^k = -\nabla^2 f(x^k)^{-1} \nabla f(x^k)$ とする反復法．

❼ **準ニュートン法**　正定値対称行列 H_k を用いて探索方向を $d^k = -H_k \nabla f(x^k)$ とする直線探索法．BFGS 公式は H_k を更新する代表的な方法．

❽ **信頼領域法**　点 x^k を含む適当な集合 (信頼領域) 上で目的関数の 2 次近似関数を最小化することによって，次の点 x^{k+1} を定める反復法．

●理解度の確認●

問 8.1　$\nabla f(x^k) \neq 0$ のとき，問題 (8.9) の最小解が最急降下方向を与えることを示せ．

〔ヒント〕　問題 (8.9) の制約を等価な条件 $\|d\|^2 = \|\nabla f(x^k)\|^2$ で置き換えた問題の KKT 条件を考える．

問 8.2　$(s^k)^T y^k > 0$ であり，H_k が正定値行列であれば，BFGS 公式で更新された H_{k+1} は正定値行列になることを示せ．

〔ヒント〕　H_k の更新規則が次式のように書き換えられることを用いる．

$$H_{k+1} = \left\{ I - \frac{s^k (y^k)^T}{(s^k)^T y^k} \right\} H_k \left\{ I - \frac{y^k (s^k)^T}{(s^k)^T y^k} \right\} + \frac{s^k (s^k)^T}{(s^k)^T y^k}$$

問 8.3　定理 8.4 の条件 (a)〜(d) が成り立つとき，d^k は問題 (8.20) の大域的最小解となることを示せ．

〔ヒント〕　d^k が $q(d) := q_k(d) + \frac{\mu}{2} d^T d$ の最小解になることを用いる．

問 8.4　次の文章の空欄 (1)〜(4) に当てはまる数式・言葉を下記の A〜L から選べ．

最急降下法と準ニュートン法は制約なし最小化問題の解法である．最急降下法が用いる探索方向は　(1)　であり，準ニュートン法が用いる降下方向は $-H_k \nabla f(x^k)$ である．どちらの方法も　(2)　でステップ幅を定めれば，停留点に　(3)　する．普通，準ニュートン法のほうが収束は　(4)　．

A. 速い　　　　　　B. 遅い　　　　　　C. 少ない　　　　　D. 多い
E. 大域的収束　　　F. 局所的収束　　　G. 2 次収束　　　　H. 超 1 次収束
I. ニュートン法　　J. アルミホのルール　K. $-\nabla f(x^k)$　　L. $-\nabla^2 f(x^k)^{-1} \nabla f(x^k)$

9 線形計画問題と単体法

　線形計画問題は特別な凸計画問題であるから，凸計画問題に関する理論的結果は線形計画問題に対しても成立する．さらに，その特殊な構造から，線形計画問題は一般の凸計画問題にはないよい性質をもつ．その一つに，線形計画問題の最小解の少なくとも一つは実行可能集合の頂点となることが挙げられる．この性質を利用して線形計画問題の最小解を見つける手法が単体法（シンプレックス法）である（ただし，この単体法は 7 章で説明した単体法とは同じ名前であるがまったく別の手法である）．

9.1 標準形

線形計画問題の理論や解法を理解するうえで，標準形と呼ばれる特別な線形計画問題を考えると都合がよい．この節では，どのような線形計画問題も標準形に定式化できることを示す．

線形計画問題は目的関数と制約関数がすべて 1 次関数で与えられた数理計画問題である．特に，次の問題を**標準形**の線形計画問題と呼ぶ．

$$\begin{aligned} \min \quad & c^T x \\ \text{s.t.} \quad & Ax = b \\ & x \geq 0 \end{aligned} \tag{9.1}$$

ここで，A は $m \times n$ 定数行列，b は m 次元定数ベクトル，c は n 次元定数ベクトルである．特に b の成分はすべて非負とする[†]．不等式制約 $x \geq 0$，すなわち $x_i \geq 0 \, (i=1,\ldots,n)$ を特に**非負制約**と呼ぶ．

1 章で紹介したコーヒーブレンド問題のように，実際の線形計画問題はさまざまな形をとるが，次の方法を利用すれば標準形に変換できる．

(1) **不等式制約を含む場合** n 次元定数ベクトル p と定数 q で表された不等式制約

$$p^T x \leq q$$

は，新しい変数 s を導入することにより，次のように等式制約と非負制約で置き換えることができる．

$$p^T x + s = q, \quad s \geq 0$$

変数 s を**スラック変数**と呼ぶ．

(2) **非負制約が課されていない決定変数を含む場合** 非負制約が課されていない変数 x_i は二つの変数 x_i^+, x_i^- を用いて

$$x_i = x_i^+ - x_i^-, \quad x_i^+ \geq 0, \quad x_i^- \geq 0$$

[†] $b_i < 0$ となる i が存在するときは，対応する等式制約 $(Ax)_i = b_i$ を $-(Ax)_i = -b_i$ に置き換えればよい．

と表せるから，元の問題において $x_i = x_i^+ - x_i^-$ を代入し，非負制約 $x_i^+ \geqq 0, x_i^- \geqq 0$ を加えれば，変数 x_i を除去することができる．

例題 9.1 次の線形計画問題を標準形に変換せよ．

$$\begin{aligned}
\min \quad & x_1 + x_2 + 2x_3 \\
\text{s.t.} \quad & x_1 + x_2 + x_3 \leqq 3 \\
& 2x_2 + x_3 \geqq -1 \\
& x_1 \geqq 0, \ x_3 \geqq 0
\end{aligned} \tag{9.2}$$

解答 不等式制約の不等号の向きをそろえれば，問題 (9.2) は

$$\begin{aligned}
\min \quad & x_1 + x_2 + 2x_3 \\
\text{s.t.} \quad & x_1 + x_2 + x_3 \leqq 3 \\
& -2x_2 - x_3 \leqq 1 \\
& x_1 \geqq 0, \ x_3 \geqq 0
\end{aligned}$$

と書ける．スラック変数 x_4, x_5 を導入して

$$\begin{aligned}
\min \quad & x_1 + x_2 + 2x_3 \\
\text{s.t.} \quad & x_1 + x_2 + x_3 + x_4 = 3 \\
& -2x_2 - x_3 + x_5 = 1 \\
& x_1 \geqq 0, \ x_3 \geqq 0, \ x_4 \geqq 0, \ x_5 \geqq 0
\end{aligned}$$

と変換し，さらに変数 x_2 を変数 x_2^+, x_2^- の差で表せば，次の標準形を得る．

$$\begin{aligned}
\min \quad & x_1 + x_2^+ - x_2^- + 2x_3 \\
\text{s.t.} \quad & x_1 + x_2^+ - x_2^- + x_3 + x_4 = 3 \\
& -2x_2^+ + 2x_2^- - x_3 + x_5 = 1 \\
& x_1 \geqq 0, x_2^+ \geqq 0, x_2^- \geqq 0, x_3 \geqq 0, x_4 \geqq 0, x_5 \geqq 0
\end{aligned}$$

9.2 実行可能集合と基底解

この節では線形計画問題の実行可能集合と基底解の関係を与える．

l 個の n 次元ベクトル $p^1, p^2, \ldots, p^l$ と実数 $q_1, q_2, \ldots, q_l$ を用いて表される次の集合 $S \subseteq R^n$ を**凸多面体**という．

$$S = \{x \in R^n \mid (p^i)^T x \leqq q_i, \ i = 1, \ldots, l\} = \bigcap_{i=1}^{l} \{x \in R^n \mid (p^i)^T x \leqq q_i\}$$

また，等式制約 $p^T x = q$ ($p \in R^n, q \in R$) を満たす点の集合は $\{x \in R^n \mid p^T x \leqq q\} \cap \{x \in R^n \mid -p^T x \leqq -q\}$ と表せるから，線形計画問題の実行可能集合は凸多面体である．

図 **9.1** の斜線部は次の凸多面体 $\mathcal{F}$ を表している．

$$\mathcal{F} = \{x \in R^2 \mid x_1 \geqq 0,\ x_2 \geqq 0,\ 2x_1 + x_2 \leqq 1,\ x_1 + 2x_2 \leqq 1\} \tag{9.3}$$

一般に，凸集合 S において，点 $x \in S$ が x とは異なる S の 2 点の内分点として表せないとき，x を S の**端点**と呼ぶ．特に S が凸多面体であるとき，端点は**頂点**と呼ばれる．式 (9.3) で表される凸多面体 $\mathcal{F}$ の頂点は $x^a = (0, 1/2)^T$, $x^b = (1/3, 1/3)^T$, $x^c = (1/2, 0)^T$, $x^d = (0, 0)^T$ である．

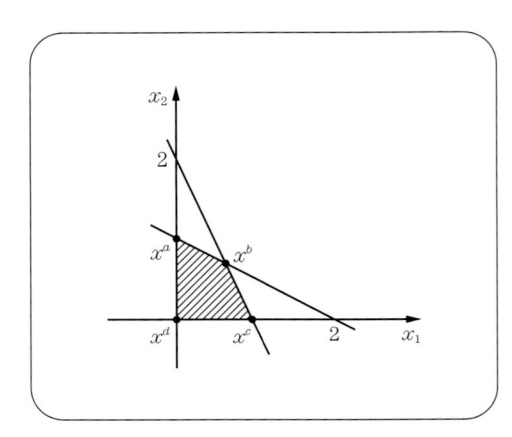

図 9.1 凸多面体

以下では，$\operatorname{rank} A = m$ である標準形の線形計画問題 (9.1) を考える[†1]．なお，$\operatorname{rank} A < m$ となるのは余剰な等式制約がある場合であり，そのような制約を取り除くことによって，常に $\operatorname{rank} A = m$ が成り立つようにできる．

行列 A から m 個の 1 次独立な列ベクトルを選び，それらを並べた正則行列 A_B を**基底行列**という．ただし，$B = \{B_1, B_2, \ldots, B_m\}$ は選ばれた列の添字 $B_i \in \{1, \ldots, n\}$ ($i = 1, \ldots, m$) の集合を表す．集合 B に対応する決定変数 x_B を**基底変数**という．B の補集合を $N = \{1, 2, \ldots, n\} \setminus B$ としたとき[†2]，決定変数 x_N を**非基底変数**と呼ぶ．非基底変数 x_N を 0 とおき，等式制約

$$b = Ax = A_B x_B + A_N x_N = A_B x_B$$

を満たすように $x_B = A_B^{-1} b$ と定めた解 $(x_B, x_N) = (A_B^{-1} b, 0)$ を**基底解**と呼ぶ．さらに，$x_B \geqq 0$ を満たす基底解を**実行可能基底解**と呼ぶ．$x_i = 0$ となる $i \in B$ が存在する実行可能

[†1] $\operatorname{rank} A$ は行列 A の階数を表す．
[†2] 二つの集合 U と V に対して，U から V の要素を取り除いた集合を $U \setminus V$ と表す．

基底解 x は**退化している**という．そうでない実行可能基底解，すなわち $x_B > 0$ であるような実行可能基底解は**非退化である**という．

具体例として次の制約条件を考えてみよう．

$$\begin{pmatrix} 1 & 2 & 1 & 0 \\ 2 & 1 & 0 & 1 \end{pmatrix} \begin{pmatrix} x_1 \\ x_2 \\ x_3 \\ x_4 \end{pmatrix} = \begin{pmatrix} 1 \\ 1 \end{pmatrix}$$

$$x_1 \geqq 0, \ x_2 \geqq 0, \ x_3 \geqq 0, \ x_4 \geqq 0$$

$m = 2$ であるから，集合 B となる候補は $B^1 = \{1,2\}$, $B^2 = \{1,3\}$, $B^3 = \{1,4\}$, $B^4 = \{2,3\}$, $B^5 = \{2,4\}$, $B^6 = \{3,4\}$ の六つであり，対応する集合 N はそれぞれ $N^1 = \{3,4\}$, $N^2 = \{2,4\}$, $N^3 = \{2,3\}$, $N^4 = \{1,4\}$, $N^5 = \{1,3\}$, $N^6 = \{1,2\}$ となる．各基底解における x_B の値を計算しよう．

$$x_{B^1} = \begin{pmatrix} 1 & 2 \\ 2 & 1 \end{pmatrix}^{-1} \begin{pmatrix} 1 \\ 1 \end{pmatrix} = \begin{pmatrix} \frac{1}{3} \\ \frac{1}{3} \end{pmatrix}, \quad x_{B^2} = \begin{pmatrix} 1 & 1 \\ 2 & 0 \end{pmatrix}^{-1} \begin{pmatrix} 1 \\ 1 \end{pmatrix} = \begin{pmatrix} \frac{1}{2} \\ \frac{1}{2} \end{pmatrix}$$

$$x_{B^3} = \begin{pmatrix} 1 & 0 \\ 2 & 1 \end{pmatrix}^{-1} \begin{pmatrix} 1 \\ 1 \end{pmatrix} = \begin{pmatrix} 1 \\ -1 \end{pmatrix}, \quad x_{B^4} = \begin{pmatrix} 2 & 1 \\ 1 & 0 \end{pmatrix}^{-1} \begin{pmatrix} 1 \\ 1 \end{pmatrix} = \begin{pmatrix} 1 \\ -1 \end{pmatrix}$$

$$x_{B^5} = \begin{pmatrix} 2 & 0 \\ 1 & 1 \end{pmatrix}^{-1} \begin{pmatrix} 1 \\ 1 \end{pmatrix} = \begin{pmatrix} \frac{1}{2} \\ \frac{1}{2} \end{pmatrix}, \quad x_{B^6} = \begin{pmatrix} 1 & 0 \\ 0 & 1 \end{pmatrix}^{-1} \begin{pmatrix} 1 \\ 1 \end{pmatrix} = \begin{pmatrix} 1 \\ 1 \end{pmatrix}$$

基底解 (x_{B^3}, x_{N^3}) と (x_{B^4}, x_{N^4}) は実行不可能であるが，それ以外の基底解は非退化な実行可能基底解である．

一方，次の例は退化した実行可能基底解をもつ．

$$\begin{pmatrix} 1 & 0 & 1 & 0 \\ 2 & 1 & 0 & 1 \end{pmatrix} \begin{pmatrix} x_1 \\ x_2 \\ x_3 \\ x_4 \end{pmatrix} = \begin{pmatrix} 1 \\ 2 \end{pmatrix}$$

$$x_1 \geqq 0, \ x_2 \geqq 0, \ x_3 \geqq 0, \ x_4 \geqq 0$$

上の例と同様に，集合 B となる候補は $B^1 = \{1,2\}$, $B^2 = \{1,3\}$, $B^3 = \{1,4\}$, $B^4 = \{2,3\}$, $B^5 = \{2,4\}$, $B^6 = \{3,4\}$ であるが，A_{B^5} は正則でないので B^5 は除外する．それぞれに対応する基底変数の値を計算すると次のようになる．

$$x_{B^1} = \begin{pmatrix} 1 & 0 \\ 2 & 1 \end{pmatrix}^{-1} \begin{pmatrix} 1 \\ 2 \end{pmatrix} = \begin{pmatrix} 1 \\ 0 \end{pmatrix}, \quad x_{B^2} = \begin{pmatrix} 1 & 1 \\ 2 & 0 \end{pmatrix}^{-1} \begin{pmatrix} 1 \\ 2 \end{pmatrix} = \begin{pmatrix} 1 \\ 0 \end{pmatrix}$$

$$x_{B^3} = \begin{pmatrix} 1 & 0 \\ 2 & 1 \end{pmatrix}^{-1} \begin{pmatrix} 1 \\ 2 \end{pmatrix} = \begin{pmatrix} 1 \\ 0 \end{pmatrix}, \quad x_{B^4} = \begin{pmatrix} 0 & 1 \\ 1 & 0 \end{pmatrix}^{-1} \begin{pmatrix} 1 \\ 2 \end{pmatrix} = \begin{pmatrix} 2 \\ 1 \end{pmatrix}$$

$$x_{B^6} = \begin{pmatrix} 1 & 0 \\ 0 & 1 \end{pmatrix}^{-1} \begin{pmatrix} 1 \\ 2 \end{pmatrix} = \begin{pmatrix} 1 \\ 2 \end{pmatrix}$$

これらの基底解はすべて実行可能である．基底解 (x_{B^1}, x_{N^1}), (x_{B^2}, x_{N^2}), (x_{B^3}, x_{N^3}) は同一の点 $(x_1, x_2, x_3, x_4) = (1, 0, 0, 0)$ に対応しており，退化している．一方，基底解 (x_{B^4}, x_{N^4}) と (x_{B^6}, x_{N^6}) は非退化である．

実行可能基底解と実行可能集合の頂点には次の関係がある．

定理 9.1 実行可能基底解は実行可能集合の頂点である．逆に，実行可能集合の頂点は少なくとも一つの実行可能基底解に対応する．

上の最初の例では，実行可能基底解と実行可能集合の頂点はすべて 1 対 1 に対応している．2 番目の例では，三つの実行可能基底解が実行可能集合の同一の頂点に対応しており，他の二つの実行可能基底解はそれぞれ別の頂点と対応している．

次に実行可能集合の頂点，実行可能基底解と最小解の関係を見よう．線形計画問題の目的関数を $c^T x$, 実行可能集合を $\mathcal{F}$ とし，x^* を一つの最小解とする．最小解の集合 $S^* = \{x \in \mathcal{F} \mid c^T x = c^T x^*\} \neq \emptyset$ は凸多面体となる．いま，$\bar{x}$ を S^* の任意の頂点とすると，$\bar{x}$ は $\mathcal{F}$ の頂点でもある．実際，$\mathcal{F}$ の頂点でなければ，$\bar{x}$ とは異なる $x, y \in \mathcal{F}$ と $\alpha \in (0, 1)$ を用いて $\bar{x} = \alpha x + (1-\alpha) y$ と表せるが，$c^T \bar{x} = \alpha c^T x + (1-\alpha) c^T y$ かつ $c^T x \geqq c^T \bar{x}$, $c^T y \geqq c^T \bar{x}$ であることから，$x, y \in S^*$ が導かれる．これは $\bar{x}$ が S^* の頂点であることに矛盾する．よって，$S^* \neq \emptyset$ であれば，最小解の中に $\mathcal{F}$ の頂点となるものが存在する (図 **9.2**)．上の議論より，線形計画問題に対して次の定理が成り立つ．

定理 9.2 線形計画問題に最小解が存在するとき，実行可能基底解の中に最小解となるものが存在する．

線形計画問題に最小解が存在しないのは，実行可能解が存在しないか，図 **9.3** のように，実行可能集合のうえで目的関数値をいくらでも小さくできるときである．後者の場合，線形計画問題は**有界**でないという．

定理 9.2 より，線形計画問題に最小解が存在するときには，すべての実行可能基底解を調

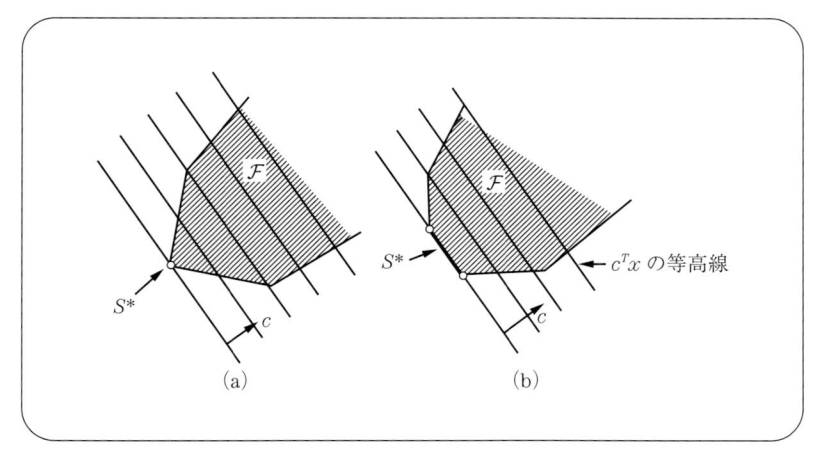

図 9.2 線形計画問題の解集合 S^* と頂点

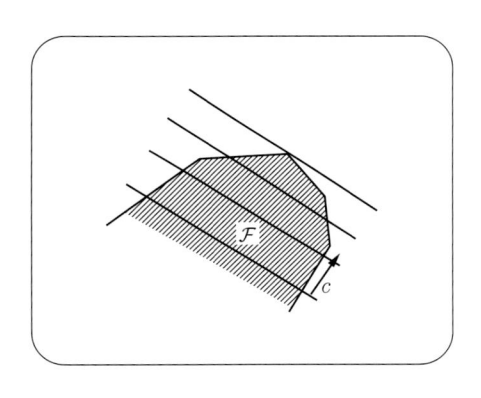

図 9.3 有界でない線形計画問題

べれば最小解を見つけることができる．しかし，実行可能基底解をしらみつぶしに調べるのは効率的でない．次節で紹介する単体法は，実行可能基底解を効率よく調べることにより最小解を求める手法である．

単体法においては，次に定義する"隣の"実行可能基底解が重要な役割を果たす．(x_B, x_N), $(x_{B'}, x_{N'})$ を実行可能基底解とする．ある $i \in B$ と $j \in N$ に対して $B' = B \cup \{j\} \setminus \{i\}$, $N' = N \cup \{i\} \setminus \{j\}$ が成り立つとき，(x_B, x_N) と $(x_{B'}, x_{N'})$ は**隣接**しているという．すな

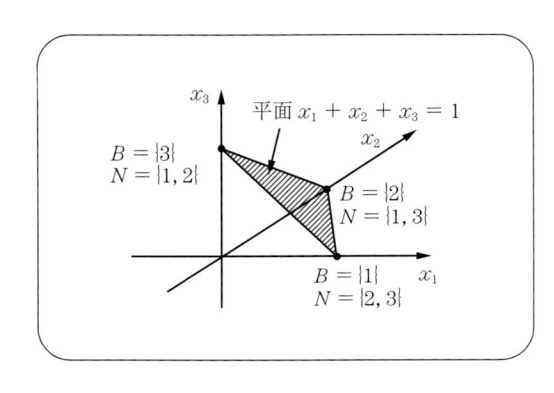

図 9.4 隣接している実行可能基底解と集合 B, N

わち，ある実行可能基底解が与えられたとき，一組の非基底変数と基底変数を適当に入れ換えることによって，隣接した実行可能基底解を求めることができる．**図 9.4** は，$n=3$ で，制約条件が $x_1 + x_2 + x_3 = 1$, $x_i \geq 0 \, (i=1,2,3)$ の例を示している．

9.3 単 体 法

この節では，線形計画法の代表的な解法である**単体法**（シンプレックス法とも呼ばれる）を紹介する．

単体法[†]では，k 回目の反復において x_B を基底変数，x_N を非基底変数とする実行可能基底解 (x_B^k, x_N^k) が与えられたとき，(x_B^k, x_N^k) に隣接する実行可能基底解の中から目的関数値 $c^T x$ が減少するものを選んで，それを次の反復点とする．

前節の最後で述べたように，$i \in B$ と $j \in N$ を適切に入れ換えることによって，(x_B^k, x_N^k) に隣接する実行可能基底解を得ることができる．そのような実行可能基底解は一般に複数存在するので，それらの中で，目的関数の値が減少するようなものを見つける必要がある．表記を簡単にするため，以下では反復を表す添字 k を省略する．

現在の反復において与えられている実行可能基底解を x，基底変数を x_B，非基底変数を x_N とする．さらに $\bar{x}$ を任意の実行可能解とすれば，その目的関数値は次式のように基底変数 x_B と非基底変数 x_N に分離して計算できる．

$$c^T \bar{x} = c_B^T \bar{x}_B + c_N^T \bar{x}_N \tag{9.4}$$

ただし，c_B と c_N はそれぞれ添字集合 B と N に対応する c の成分からなるベクトルである．$\bar{x}$ は制約条件

$$A_B \bar{x}_B + A_N \bar{x}_N = b$$

を満たし，基底行列 A_B は正則であるから

$$\bar{x}_B = A_B^{-1} b - A_B^{-1} A_N \bar{x}_N \tag{9.5}$$

と表せる．これを式 (9.4) に代入すると，$\bar{x}$ の目的関数値は

[†] 7 章で説明した単体法 (シンプレックス法) とは同じ名前であるが全く別の手法である．

9.3 単体法

$$c^T \bar{x} = c_B^T A_B^{-1} b + (c_N^T - c_B^T A_B^{-1} A_N) \bar{x}_N$$

となり，$\bar{x}_N$ だけを用いて表せる．$\bar{x}$ と実行可能基底解 $x = (x_B, x_N) = (A_B^{-1} b, 0)$ の目的関数値の差は

$$c^T \bar{x} - c^T x = (c_N^T - c_B^T A_B^{-1} A_N) \bar{x}_N = \mu_N^T \bar{x}_N \tag{9.6}$$

となる．ただし，$\mu_N = c_N - A_N^T (A_B^T)^{-1} c_B$ である．この $(n-m)$ 次元ベクトル μ_N を現在の実行可能基底解に対する**相対コスト係数**と呼ぶ．さらに，m 次元ベクトル $\lambda_B = (A_B^T)^{-1} c_B$ を**シンプレックス乗数**と呼ぶ．相対コスト係数はシンプレックス乗数を用いて $\mu_N = c_N - A_N^T \lambda_B$ と表せる．このとき次の二つ場合 (a)，(b) が考えられる．

(a) すべての $j \in N$ に対して $\mu_j \geqq 0$ の場合

式 (9.6) と $\bar{x}_N \geqq 0$ より，$c^T \bar{x} - c^T x \geqq 0$ が成り立つ．$\bar{x}$ は任意の実行可能解であるから，現在の実行可能基底解 x は最小解である．

(b) $\mu_j < 0$ であるような $j \in N$ が存在する場合

$\bar{x}$ を x に隣接し，x_j が基底変数であるような実行可能基底解とする．$\bar{x}$ は x と隣接しているから，$\bar{x}$ の基底変数と非基底変数に対応する集合 B' と N' は，ある添字 $i \in B$ を用いて

$$B' = B \cup \{j\} \setminus \{i\}, \quad N' = N \cup \{i\} \setminus \{j\} \tag{9.7}$$

と表せる．実際に添字 $i \in B$ を求めよう．行列 A の第 j 列を a^j と表し，ベクトル y_B を $y_B = A_B^{-1} a^j$ と定義する．式 (9.7) より，$l \neq j$ であるすべての $l \in N$ に対して $\bar{x}_l = 0$ であるから

$$A_B^{-1} A_N \bar{x}_N = A_B^{-1} \sum_{l \in N} \bar{x}_l a^l = \bar{x}_j A_B^{-1} a^j = \bar{x}_j y_B$$

となる．よって，式 (9.5) より

$$\bar{x}_B = x_B - \bar{x}_j y_B \tag{9.8}$$

となるから，$\bar{x}_j$ を定めれば $\bar{x}_B$ が決まる．また，$\bar{x}$ が実行可能基底解となるためには，$\bar{x}_{B'} \geqq 0$ かつ $\bar{x}_i = 0$ となるような $i \in B$ と $\bar{x}_j$ の値を求める必要がある．このとき，さらに次の二つ場合 (b-i)，(b-ii) が考えられる．

(b-i) すべての $r \in B$ に対して $y_r \leqq 0$ のとき

$\hat{x}_B = x_B - t y_B, \hat{x}_j = t, \hat{x}_l = 0 \ (l \in N, l \neq j)$ と表されるベクトル $\hat{x}$ を考える．ただし，$t \in R$ はパラメータである．$y_B \leqq 0$ であるから，任意の $t \geqq 0$ に対して，$\hat{x} \geqq 0$ となる．さらに

$$A\hat{x} = A_B \hat{x}_B + A_N \hat{x}_N = A_B x_B - t A_B y_B + t a^j$$
$$= A_B x_B - t a^j + t a^j = b$$

が成り立つから，任意の $t \geqq 0$ に対して $\hat{x}$ は実行可能解である．いま，式 (9.6) と $\mu_j < 0$ より

$$c^T \hat{x} - c^T x = t \mu_j < 0$$

であるから，t を大きくすれば，目的関数値はいくらでも小さくなる．したがって，この問題は有界でない．

(b-ii) $y_r > 0$ となる $r \in B$ が存在するとき

$$t := \min_{r \in B} \left\{ \frac{x_r}{y_r} \,\middle|\, y_r > 0 \right\}$$

とし，右辺の最小値を与える添字 r の一つを $\hat{i}$ とする．$B' = B \cup \{j\} \setminus \{\hat{i}\}$ とする．そのとき，式 (9.8) より，$\bar{x}_j = t$ とすると，$\bar{x}_{B'} \geqq 0$ かつ $\bar{x}_{\hat{i}} = 0$ が成り立つ．さらに，式 (9.6) より $c^T \bar{x} - c^T x = \mu_j t \leqq 0$ が成り立つ．また，$A_{B'}$ は正則になることが示せる (式 (9.13) 参照)．よって，$\hat{i}$ と t が求めたい $i \in B$ と $\bar{x}_j$ の値であることがわかる．

以上のように，一組の基底変数と非基底変数の入換えによって，隣接した実行可能基底解を求める手続きを**ピボット操作**という．単体法の計算手順は以下のように記述できる．

単体法

ステップ **0**：初期実行可能解 $x^0 = (x_B^0, x_N^0) = (A_B^{-1} b, 0)$ を選ぶ．$k := 0$ とする．

ステップ **1**：シンプレックス乗数 $\lambda_B = (A_B^T)^{-1} c_B$ と相対コスト係数 $\mu_N = c_N - A_N^T \lambda_B$ を計算する．

ステップ **2**：$\mu_N \geqq 0$ であれば，x^k が最小解であるから，計算を終了する．そうでなければ，μ_j が最小となる $j \in N$ を選ぶ ($\mu_j < 0$ であることに注意)．

ステップ **3**：$y_B = A_B^{-1} a^j$ を計算する．y_B に正の成分がなければ，問題は有界でないので終了．そうでなければ

$$t = \min_{r \in B} \left\{ \frac{x_r^k}{y_r} \,\middle|\, y_r > 0 \right\}$$

を計算する．この式の右辺の最小値を与える添字 $r \in B$ を一つ選び，それを i とする．

ステップ4：
$$x_r^{k+1} := x_r^k - t y_r \quad (r \in B)$$
$$x_j^{k+1} := t$$
$$x_l^{k+1} := 0 \quad (l \in N, l \neq j)$$

とする．B から i を除き，j を加えたものを新しい B とする．N から j を除き，i を加えたものを新しい N とする．$k := k+1$ としてステップ1へ．

単体法の収束性を考えよう．いま，単体法で生成される実行可能基底解 $\{x^k\}$ はすべて非退化であるとしよう．このとき，ステップ3で計算される t は常に正となるから，ステップ4で定まる x^{k+1} に対して

$$c^T x^k > c^T x^{k+1}$$

が成り立つ．これは，生成される実行可能基底解はすべて異なることを意味する．実行可能基底解の数は有限であるから[†]，単体法は有限回の反復で最小解を見つけるか，問題が有界でないことを見出す．反復回数に関しては，単体法が最小解を見つけて終了するまでに $2^m - 1$ 回の反復を要する特殊な問題が存在することが知られている．そのため，単体法は，理論上，多項式時間のアルゴリズムではない．しかし，実際に現れるほとんどの問題に対して，単体法は実用的な時間内で最小解を見つけることができる．したがって，単体法は実際上は効率的なアルゴリズムであるといえる．

☕ 談 話 室 ☕

線形計画問題の解法の発展　単体法が開発された後も，線形計画問題に対するさまざまな解法が提案されてきた．線形計画問題に対する最初の多項式時間の解法は1979年にハチヤンによって提案された楕円体法である．しかし，楕円体法は実用的には単体法にかなわず，実際に使われることはほとんどなかった．その後，多項式時間の解法であり，なおかつ実用上も単体法に匹敵する内点法が1984年にカーマーカーによって提案された．内点法が発表された当時，内点法は大規模な問題を単体法よりも速く解けるということで大きな注目を集めた．その後，内点法に刺激を受けて単体法の改良も進み，問題のタイプによっては，単体法が好んで用いられることも多い．

[†] 実行可能基底解を構成できる集合 B の数は，$\{1, 2, \ldots, n\}$ から m 個の要素を取り出す組合せの数以下である．

単体法や内点法のアルゴリズム開発と計算機の技術革新のおかげで，いまでは数百万変数の線形計画問題を解くことができる．この発展において，アルゴリズム開発の貢献は，計算機の高速化以上といわれている．線形計画問題にかかわらず，難しい数値計算にチャレンジするときは，計算機の高速化に頼るばかりではなく，アルゴリズムの効率化を図ることが大切である．

単体法を用いて次の線形計画問題を解いてみよう．

$$\begin{aligned}
\min \quad & -x_1 - x_2 \\
\text{s.t.} \quad & x_1 + 2x_2 + x_3 = 1 \\
& 2x_1 + x_2 + x_4 = 1 \\
& x_1 \geqq 0, \ x_2 \geqq 0, \ x_3 \geqq 0, \ x_4 \geqq 0
\end{aligned} \quad (9.9)$$

問題 (9.9) の係数ベクトルと係数行列は

$$c = \begin{pmatrix} -1 \\ -1 \\ 0 \\ 0 \end{pmatrix}, \quad A = \begin{pmatrix} 1 & 2 & 1 & 0 \\ 2 & 1 & 0 & 1 \end{pmatrix}, \quad b = \begin{pmatrix} 1 \\ 1 \end{pmatrix}$$

である．$B = \{3, 4\}$，$N = \{1, 2\}$，すなわち基底変数を x_3, x_4，非基底変数を x_1, x_2 とする実行可能基底解 $x^0 = (0, 0, 1, 1)^T$ を初期点に選び単体法を実行する．

1) $k = 0$，ステップ **1**：シンプレックス乗数 λ_B を計算する．

$$\lambda_B = \begin{pmatrix} 1 & 0 \\ 0 & 1 \end{pmatrix}^{-1} \begin{pmatrix} 0 \\ 0 \end{pmatrix} = \begin{pmatrix} 0 \\ 0 \end{pmatrix}$$

相対コスト係数 $\mu_N = (\mu_1, \mu_2)^T$ は

$$\mu_N = \begin{pmatrix} -1 \\ -1 \end{pmatrix} - \begin{pmatrix} 1 & 2 \\ 2 & 1 \end{pmatrix} \begin{pmatrix} 0 \\ 0 \end{pmatrix} = \begin{pmatrix} -1 \\ -1 \end{pmatrix}$$

となる．

2) $k = 0$，ステップ **2**：$\mu_1 < 0$，$\mu_2 < 0$ であるから，j として 1 を選択する．

3) $k = 0$，ステップ **3**：$y_B = (y_3, y_4)^T$ を計算すると

$$y_B = A_B^{-1} a^1 = \begin{pmatrix} 1 & 0 \\ 0 & 1 \end{pmatrix}^{-1} \begin{pmatrix} 1 \\ 2 \end{pmatrix} = \begin{pmatrix} 1 \\ 2 \end{pmatrix}$$

となるから
$$t = \min\left\{\frac{x_3^0}{y_3}, \frac{x_4^0}{y_4}\right\} = \frac{1}{2}, \ i = 4$$
が得られる.

4) $k=0$, ステップ **4**：$x^1 = (1/2, 0, 1/2, 0)^T$ となる．さらに，B と N は $B = \{1, 3\}$, $N = \{2, 4\}$ に更新される．

5) $k=1$, ステップ **1**：シンプレックス乗数 λ_B を計算する．
$$\lambda_B = \begin{pmatrix} 1 & 2 \\ 1 & 0 \end{pmatrix}^{-1} \begin{pmatrix} -1 \\ 0 \end{pmatrix} = \begin{pmatrix} 0 \\ -\frac{1}{2} \end{pmatrix}$$

相対コスト係数 $\mu_N = (\mu_2, \mu_4)^T$ は
$$\mu_N = \begin{pmatrix} -1 \\ 0 \end{pmatrix} - \begin{pmatrix} 2 & 1 \\ 0 & 1 \end{pmatrix} \begin{pmatrix} 0 \\ -\frac{1}{2} \end{pmatrix} = \begin{pmatrix} -\frac{1}{2} \\ \frac{1}{2} \end{pmatrix}$$
となる．

6) $k=1$, ステップ **2**：$\mu_2 < 0$, $\mu_4 > 0$ であるから，$j=2$ とする．

7) $k=1$, ステップ **3**：$y_B = (y_1, y_3)^T$ を計算すると
$$y_B = A_B^{-1} a^2 = \begin{pmatrix} 1 & 1 \\ 2 & 0 \end{pmatrix}^{-1} \begin{pmatrix} 2 \\ 1 \end{pmatrix} = \begin{pmatrix} \frac{1}{2} \\ \frac{3}{2} \end{pmatrix}$$

となるから
$$t = \min\left\{\frac{x_1^1}{y_1}, \frac{x_3^1}{y_3}\right\} = \frac{1}{3}, \ i = 3$$
が得られる.

8) $k=1$, ステップ **4**：$x^2 = (1/3, 1/3, 0, 0)^T$ となる．さらに，B と N は $B = \{1, 2\}$, $N = \{3, 4\}$ に更新される．

9) $k=2$, ステップ **1**：シンプレックス乗数 λ_B を計算する．
$$\lambda_B = \begin{pmatrix} 1 & 2 \\ 2 & 1 \end{pmatrix}^{-1} \begin{pmatrix} -1 \\ -1 \end{pmatrix} = \begin{pmatrix} -\frac{1}{3} \\ -\frac{1}{3} \end{pmatrix}$$

相対コスト係数 $\mu_N = (\mu_3, \mu_4)^T$ は
$$\mu_N = \begin{pmatrix} 0 \\ 0 \end{pmatrix} - \begin{pmatrix} 1 & 0 \\ 0 & 1 \end{pmatrix} \begin{pmatrix} -\frac{1}{3} \\ -\frac{1}{3} \end{pmatrix} = \begin{pmatrix} \frac{1}{3} \\ \frac{1}{3} \end{pmatrix}$$

となる．

9. 線形計画問題と単体法

10) $k=2$, ステップ **2**: $\mu_3 \geqq 0$, $\mu_4 \geqq 0$ であるから, x^2 は問題 (9.9) の最小解である.

次に問題

$$
\begin{aligned}
\min \quad & -x_1 - x_2 \\
\text{s.t.} \quad & x_1 - 2x_2 + x_3 = 1 \\
& -2x_1 + x_2 + x_4 = 1 \\
& x_1 \geqq 0,\, x_2 \geqq 0,\, x_3 \geqq 0,\, x_4 \geqq 0
\end{aligned}
\tag{9.10}
$$

を解こう. この問題の係数行列と係数ベクトルは

$$
c = \begin{pmatrix} -1 \\ -1 \\ 0 \\ 0 \end{pmatrix}, \quad
A = \begin{pmatrix} 1 & -2 & 1 & 0 \\ -2 & 1 & 0 & 1 \end{pmatrix}, \quad
b = \begin{pmatrix} 1 \\ 1 \end{pmatrix}
$$

である. $B = \{3, 4\}$, $N = \{1, 2\}$, すなわち基底変数を x_3, x_4, 非基底変数を x_1, x_2 とする. 実行可能基底解 $x^0 = (0, 0, 1, 1)^T$ を初期点に選び単体法を実行する.

1) $k=0$, ステップ **1**: シンプレックス乗数 λ_B を計算する.

$$
\lambda_B = \begin{pmatrix} 1 & 0 \\ 0 & 1 \end{pmatrix}^{-1} \begin{pmatrix} 0 \\ 0 \end{pmatrix} = \begin{pmatrix} 0 \\ 0 \end{pmatrix}
$$

相対コスト係数 $\mu_N = (\mu_1, \mu_2)^T$ は

$$
\mu_N = \begin{pmatrix} -1 \\ -1 \end{pmatrix} - \begin{pmatrix} 1 & -2 \\ -2 & 1 \end{pmatrix} \begin{pmatrix} 0 \\ 0 \end{pmatrix} = \begin{pmatrix} -1 \\ -1 \end{pmatrix}
$$

となる.

2) $k=0$, ステップ **2**: $\mu_1 < 0$, $\mu_2 < 0$ であるから, $j=1$ を選択する.

3) $k=0$, ステップ **3**: $y_B = (y_3, y_4)^T$ を計算すると

$$
y_B = A_B^{-1} a^1 = \begin{pmatrix} 1 & 0 \\ 0 & 1 \end{pmatrix}^{-1} \begin{pmatrix} 1 \\ -2 \end{pmatrix} = \begin{pmatrix} 1 \\ -2 \end{pmatrix}
$$

となるから

$$
t = \frac{x_3^0}{y_3} = 1, \quad i = 3
$$

が得られる.

4) $k=0$, ステップ **4**: $x^1 = (1, 0, 0, 3)^T$ となる. さらに, B と N は $B = \{1, 4\}$, $N = \{2, 3\}$ に更新される.

5) $k=1$, ステップ 1：シンプレックス乗数 λ_B を計算する．

$$\lambda_B = \begin{pmatrix} 1 & -2 \\ 0 & 1 \end{pmatrix}^{-1} \begin{pmatrix} -1 \\ 0 \end{pmatrix} = \begin{pmatrix} -1 \\ 0 \end{pmatrix}$$

相対コスト係数 $\mu_N = (\mu_2, \mu_3)^T$ は

$$\mu_N = \begin{pmatrix} -1 \\ 0 \end{pmatrix} - \begin{pmatrix} -2 & 1 \\ 1 & 0 \end{pmatrix} \begin{pmatrix} -1 \\ 0 \end{pmatrix} = \begin{pmatrix} -3 \\ 1 \end{pmatrix}$$

となる．

6) $k=1$, ステップ 2：$\mu_2 < 0$, $\mu_3 > 0$ であるから $j=2$ とする．
7) $k=1$, ステップ 3：$y_B = (y_1, y_4)^T$ を計算すると

$$y_B = A_B^{-1} a^2 = \begin{pmatrix} 1 & 0 \\ -2 & 1 \end{pmatrix}^{-1} \begin{pmatrix} -2 \\ 1 \end{pmatrix} = \begin{pmatrix} -2 \\ -3 \end{pmatrix}$$

となり，$y_B < 0$ であるから，問題 (9.10) は有界でない．

単体法を実装するときにはいくつかの工夫が必要となる．まず，ステップ 0 において初期実行可能基底解を見つける必要がある．また，退化している実行可能基底解に到達したときの対処も必要である．単体法の計算において最も時間を要するのはステップ 1 とステップ 3 で用いる A_B^{-1} の計算である．そのまま計算すると $O(m^3)$ の計算時間が必要になるが，工夫することによって，$O(m^2)$ の計算時間に減らすことができる．以下では，これらの工夫について簡単に説明する．

（1）初期実行可能基底解の見つけ方 次の問題を考えよう．

$$\begin{aligned} \min \quad & e^T z \\ \text{s.t.} \quad & Ax + z = b \\ & x \geqq 0, z \geqq 0 \end{aligned} \tag{9.11}$$

ここで，$e = (1, \ldots, 1)^T$ である．問題 (9.1) に実行可能解が存在すれば，問題 (9.11) の最小解 (x^*, z^*) では $z^* = 0$ となる．さらに，x を非基底変数，z を基底変数とした基底解 $(x^0, z^0) = (0, b)$ は問題 (9.11) の実行可能基底解となるから，問題 (9.11) に対して (x^0, z^0) を初期実行可能基底解として単体法を適用できる．そのとき，得られた最小解 (x^*, z^*) において $z^* = 0$ となっていれば，この最小解から問題 (9.1) の実行可能基底解を求めることができる．一方，問題 (9.11) の最小解 (x^*, z^*) において $z^* \neq 0$ であれば，元の問題 (9.1) に実行可能解が存在しないことがわかる．

単体法をまず問題 (9.11) に適用して問題 (9.1) の実行可能基底解を求め，次にそれを初期解として問題 (9.1) に単体法を適用する手法を **2 段階法** と呼ぶ．

(**2**) **退化した実行可能基底解の対処法**　k 回目の反復における実行可能基底解 x^k が退化していれば，$\mu_j < 0$ となる $j \in N$ が存在しても，ステップ3で計算される t が 0 になることがある．そのようなときには，ピボット操作を行っても目的関数値が減少せず，何回かの反復の後，同じ実行可能基底解が再び現れる可能性がある．この現象を**巡回**という．巡回が起きると，反復が進行しても実質的に同じ点にとどまったまま，単体法は終了しない．巡回を防ぐためには，過去に選ばれた B, N の組合せが再び選ばれないように，ステップ2とステップ3において添字 j と i を選ぶ工夫が必要となる．そのような工夫として次の**最小添字規則**がある．

> [最小添字規則]　ステップ2では，$\mu_j < 0$ となる j の中で一番小さい添字 j を選び，ステップ3において，最小値を与える添字 r が複数あるときには，一番小さい添字を i とする．

ただし，最小添字規則は相対コスト係数の大きさなど目的関数に関する情報を考慮していないため，毎回この規則を適用すると最小解に到達するまでに多くの反復回数を要することがある．このことを考慮して，最小添字規則は巡回が起きていると判断されたときのみ用いられる．

(**3**) **単体法の計算の効率化**　ステップ2では，まずシンプレックス乗数 $\lambda_B = (A_B^T)^{-1} c_B$ を求めてから，相対コスト係数 $\mu_N = c_N - A_N^T \lambda_B$ を計算する．単体法で時間を要するのはシンプレックス乗数 λ_B とステップ3のベクトル $y_B = A_B^{-1} a^j$ の計算である．k 回目と $k+1$ 回目の反復の基底変数の添字集合をそれぞれ B, B' とすると，$A_{B'}$ は A_B の列の一つが入れ換わった行列であるから，A_B^{-1} と y_B を利用して $A_{B'}^{-1}$ を以下のように効率よく求めることができる．

以下では集合 B と B' は p 番目の要素のみが違っているとし

$$B = \{B_1, B_2, \ldots, B_{p-1}, i, B_{p+1}, \ldots, B_m\}$$
$$B' = \{B_1, B_2, \ldots, B_{p-1}, j, B_{p+1}, \ldots, B_m\}$$

で与えられているものとする．このとき，$A_{B'}$ は A_B の第 p 列 a^i を a^j に入れ換えた行列になるから

$$\begin{aligned} A_{B'} &= A_B + (a^j - a^i)(e^p)^T \\ &= A_B\{I + A_B^{-1}(a^j - a^i)(e^p)^T\} \\ &= A_B\{I + (y_B - e^p)(e^p)^T\} \end{aligned} \tag{9.12}$$

と書ける．ただし，e^p は p 番目の要素が 1，それ以外の要素が 0 となる m 次元ベクトルである．いま，$i = B_p$ であるから

$$D := \{I + (y_B - e^p)(e^p)^T\}^{-1} = \begin{pmatrix} 1 & & & -\dfrac{y_{B_1}}{y_i} & & & \\ & \ddots & & \vdots & & & \\ & & 1 & -\dfrac{y_{B_{p-1}}}{y_i} & & & \\ & & & \dfrac{1}{y_i} & & & \\ & & & -\dfrac{y_{B_{p+1}}}{y_i} & 1 & & \\ & & & \vdots & & \ddots & \\ & & & -\dfrac{y_{B_m}}{y_i} & & & 1 \end{pmatrix}$$
(9.13)

とすると,式 (9.12) より

$$A_{B'}^{-1} = D A_B^{-1}$$

を得る.行列 D の特別な構造を利用すると, $A_{B'}^{-1}$ を直接計算するよりもはるかに速く DA_B^{-1} を計算できる.

(4) **単体法と KKT 条件の関係**　　基底変数を x_B,非基底変数を x_N とする実行可能基底解 x を考える.いま,μ_N と λ_B を x に対応する相対コスト係数とシンプレックス乗数とする.$\mu_N = c_N - A_N^T \lambda_B$ に対応して $\mu_B = c_B - A_B^T \lambda_B$ とおくと,$\mu_B = 0$ であり

$$x^T \mu = x_B^T \mu_B + x_N^T \mu_N = 0$$

と

$$\begin{aligned}
c - A^T \lambda_B - \mu &= \begin{pmatrix} c_B \\ c_N \end{pmatrix} - \begin{pmatrix} A_B^T \lambda_B \\ A_N^T \lambda_B \end{pmatrix} - \begin{pmatrix} \mu_B \\ \mu_N \end{pmatrix} \\
&= \begin{pmatrix} c_B \\ c_N \end{pmatrix} - \begin{pmatrix} A_B^T (A_B^T)^{-1} c_B \\ A_N^T (A_B^T)^{-1} c_B \end{pmatrix} - \begin{pmatrix} 0 \\ c_N - A_N^T (A_B^T)^{-1} c_B \end{pmatrix} \\
&= 0
\end{aligned}$$

が成立する.いま,x は実行可能であるから

$$c - A^T \lambda - \mu = 0$$

$$b - Ax = 0$$

$$x \geqq 0, \quad x^T \mu = 0$$

が成り立つ．これは線形計画問題 (9.1) に対する KKT 条件のうち，$\mu \geq 0$ 以外の条件が満たされていることを意味する．したがって，単体法の終了条件 $\mu_N \geq 0$ が満たされることは，KKT 条件が成立することと等価であることがわかる (上に述べたように，常に $\mu_B = 0$ である)．単体法は，$\mu_N \geq 0$ 以外の KKT 条件を満たす点列を生成しつつ，最終的に KKT 点を見つける手法と見なすことができる．

本章のまとめ

❶ **標準形**　制約条件が等式制約と非負制約で表された線形計画問題．

❷ **単体法**　線形計画問題の解法．各反復において，基底変数と非基底変数を一つずつ入れ換えること (ピボット操作) によって，より小さい目的関数値をもつ実行可能基底解を生成する手法．
- 大規模な問題に対しても効率よく解を求めることができる．
- 高速化にはさまざまな工夫が必要である．
- 理論的には多項式時間のアルゴリズムではない．

❸ **2 段階法**　単体法を用いて，第 1 段階で実行可能基底解を求め，第 2 段階で最小解を求める手法．

●理解度の確認●

問 9.1　1 章のコーヒーブレンド問題を標準形に変換せよ．

問 9.2　次の制約条件の実行可能基底解をすべて求めよ．

$$\begin{pmatrix} 1 & 0 & 2 \\ 0 & 1 & 1 \end{pmatrix} \begin{pmatrix} x_1 \\ x_2 \\ x_3 \end{pmatrix} = \begin{pmatrix} 1 \\ 1 \end{pmatrix}, \quad x_1 \geq 0, \ x_2 \geq 0, \ x_3 \geq 0$$

問 9.3　次の問題に対して 2 段階法を適用する際に用いる，第 1 段階の問題を書け．

$$\begin{aligned}
\min \quad & x_1 + 2x_2 - x_3 + x_4 \\
\text{s.t.} \quad & x_1 - x_2 + 2x_3 + x_4 = 3 \\
& x_1 + x_2 + x_3 - x_4 = 1 \\
& x_1 \geq 0,\ x_2 \geq 0,\ x_3 \geq 0,\ x_4 \geq 0
\end{aligned}$$

問 9.4　標準形の線形計画問題 (9.1) を考える．実行可能基底解 $x = (x_B, x_N)$ が問題 (9.1) の最小解であれば，シンプレックス乗数 $\lambda_B = (A_B^T)^{-1} c_B$ が双対問題 (6.2) の最大解となることを示せ．

〔ヒント〕　弱双対定理を使う．

10 分枝限定法

　分枝限定法は多くの局所的最小解をもつような難しい問題の大域的最小解を求める手法である．分枝限定法では，問題を簡単な子問題に分割していき（分枝操作），それらの子問題が元の問題の解を含む可能性があるかどうかを調べる（限定操作）．このような考え方を用いて，分枝限定法は，実際には一部の子問題を解くことによって，効率的に大域的最小解を求める．分枝操作と限定操作の基本的な考え方を理解すれば，分枝限定法は組合せ最適化問題，凸でない非線形計画問題など，さまざまな難しい問題に応用できる．この章では，決定変数のとりうる値が 0 または 1 に制限された 0-1 整数計画問題を取り上げ，分枝限定法の仕組みを解説する．

10.1 0-1整数計画問題

0-1整数計画問題の定義を与える.

この章では,決定変数のとりうる領域 X が

$$X := \{x \in R^n \mid x_i \in \{0,1\}, i = 1,\ldots,n\}$$

で与えられる数理計画問題を考える.制約 $x_i \in \{0,1\}$ を **0-1制約** と呼び,0-1制約をもつ次の問題を **0-1整数計画問題** という.

$$\begin{aligned}
\min \quad & c^T x \\
\text{s.t.} \quad & (a^j)^T x \leq b_j \quad (j=1,\ldots,r) \\
& x_i \in \{0,1\} \quad (i=1,\ldots,n)
\end{aligned} \quad (10.1)$$

ただし,c と a^j $(j=1,\ldots,r)$ は n 次元定数ベクトルであり,b_j $(j=1,\ldots,r)$ は定数である.1章で紹介したナップサック問題は $r=1$ の特別な 0-1 整数計画問題である.0-1 整数計画問題の実行可能集合は凸多面体ではないので,9章で説明した単体法を 0-1 整数計画問題に適用することはできない.

0-1制約を満たす任意のベクトル $x \in X$ は,添字集合 $\{1,2,\ldots,n\}$ を適当に分割した集合 R_0 と R_1 を用いて[†],$x_{R_0} = (0,\ldots,0)^T$,$x_{R_1} = (1,\ldots,1)^T$ と表すことができる.この分割の組合せの数は 2^n である.すべての分割 (R_0, R_1) を列挙して,それらに対応するベクトル (x_{R_0}, x_{R_1}) を調べあげれば,0-1 整数計画問題 (10.1) の大域的最小解を見つけることができる.しかしながら,n が大きいときは,表 10.1 のように組合せの数は爆発的に大きくなるので,すべての分割を列挙して大域的最小解を求めることは現実的でない.

表 10.1 組合せの数

n	1	10	20	30	$\cdots$
2^n	2	1 024	1 048 576	1 073 741 824	$\cdots$

[†] R_0, R_1 は $R_0 \cap R_1 = \emptyset$,$R_0 \cup R_1 = \{1,2,\ldots,n\}$ を満たす.R_0 または R_1 が空集合であってもよい.

また，0-1 整数計画問題 (10.1) に対して，目的関数値を減少させるような実行可能な点列を生成することも必ずしも容易ではない (制約なし最小化問題や線形計画問題ではそのような点列を容易に生成できたことを思い出そう). 例として，次の問題を考える (図 10.1).

$$\begin{aligned}
\min \quad & x_1 + x_2 \\
\text{s.t.} \quad & 2x_1 - 2x_2 \leq 1 \\
& 2x_1 - 2x_2 \geq -1 \\
& x_1, x_2 \in \{0, 1\}
\end{aligned}$$

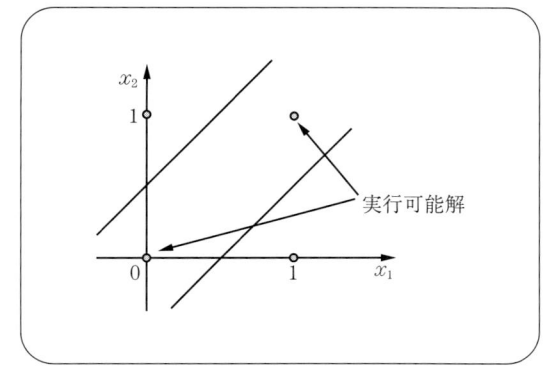

図 10.1 離散的な実行可能解

この問題の実行可能解は $(0,0)^T$，$(1,1)^T$ の二つであり，$x = (0,0)^T$ が最小解となる．最小解 $(0,0)^T$ の近くの点は 0-1 制約を満たさないし，決定変数の一つの値を 1 に置き換えた点 $(1,0)^T$ や $(0,1)^T$ は不等式制約を満たさない．このように，一般に最小解に"近い点"は実行可能解になるとはかぎらないため，最小解に"近づいていく"ような実行可能解の列を生成するアルゴリズムを構築することは難しい．

10.2 分枝限定法

0-1 整数計画問題を用いて分枝限定法の枠組みを説明する．

0-1 整数計画問題 (10.1) に対して，一部の決定変数の値を 0 または 1 に固定した問題を $P(J_0, J_1)$ とする．

$$
\begin{array}{ll}
P(J_0, J_1) \quad \min & c^T x \\
\text{s.t.} & (a^j)^T x \leqq b_j \quad (j = 1, \ldots, r) \\
& x_i = 0 \quad (i \in J_0) \\
& x_i = 1 \quad (i \in J_1) \\
& x_i \in \{0, 1\} \quad (i \in F)
\end{array}
$$

ただし，J_0 と J_1 は $J_0 \cap J_1 = \emptyset$ であるような添字集合 $\{1, 2, \ldots, n\}$ の部分集合であり

$$F := \{1, 2, \ldots, n\} \setminus (J_0 \cup J_0)$$

である．問題 $P(J_0, J_1)$ は $i \in J_0$ である x_i を 0 に，$i \in J_0$ である x_i を 1 に固定した問題である．$P(J_0, J_1)$ を 0-1 整数計画問題 (10.1) の**子問題**と呼ぶ．子問題 $P(J_0, J_1)$ の実質的な決定変数 $x_i \in F$ を $P(J_0, J_1)$ の**自由変数**と呼ぶ．

自由変数をもたない子問題，つまり $J_0 \cup J_1 = \{1, 2, \ldots, n\}$ であるような子問題 $P(J_0, J_1)$ では 0-1 制約を満たす点 x は一意に定まる．その点 x が不等式制約を満たせば子問題 $P(J_0, J_1)$ の唯一の実行可能解であるから自動的に最小解であり，x が不等式制約を満たさなければ子問題 $P(J_0, J_1)$ は実行可能解をもたない．したがって，$J_0 \cup J_1 = \{1, 2, \ldots, n\}$ であるようなすべての子問題 $P(J_0, J_1)$ を列挙し，その実行可能性を調べれば，問題 (10.1) の大域的最小解を求めることができる．しかし，このような (J_0, J_1) の組合せの数は前節で述べた分割 (R_0, R_1) の組合せの数に等しくなるため，n が大きいときにはすべての子問題を列挙することは現実的ではない．そこで，生成する子問題の数をできるだけ少なくするための工夫が必要となる．それが次の分枝操作と限定操作である．

分枝操作：問題を場合分けして，いくつかの簡単な子問題を生成する操作．

限定操作：実際に解く必要のない子問題を見つけるための計算を行う操作．

分枝限定法は，分枝操作と限定操作を繰り返すことによって，すべての子問題を解くことなく，元の問題の大域的最小解を見つける手法である．

次の 0-1 整数計画問題を例として分枝操作と限定操作を説明しよう．

$$
\begin{array}{ll}
\min & 3x_1 + 2x_2 + x_3 \\
\text{s.t.} & x_1 + x_2 + 3x_3 + 4x_4 \leq 2 \\
& -x_1 - x_2 - x_3 - x_4 \leq -1 \\
& x_1, x_2, x_3, x_4 \in \{0, 1\}
\end{array}
\tag{10.2}
$$

問題 (10.2) に対して，x_4 を 0 または 1 に固定した次の二つの子問題を考える．

$$\begin{aligned}
P(\{4\},\emptyset) \quad & \min \quad 3x_1 + 2x_2 + x_3 \\
& \text{s.t.} \quad x_1 + x_2 + 3x_3 + 4x_4 \leq 2 \\
& \qquad\; -x_1 - x_2 - x_3 - x_4 \leq -1 \\
& \qquad\; x_1, x_2, x_3 \in \{0,1\},\ x_4 = 0
\end{aligned}$$

$$\begin{aligned}
P(\emptyset,\{4\}) \quad & \min \quad 3x_1 + 2x_2 + x_3 \\
& \text{s.t.} \quad x_1 + x_2 + 3x_3 + 4x_4 \leq 2 \\
& \qquad\; -x_1 - x_2 - x_3 - x_4 \leq -1 \\
& \qquad\; x_1, x_2, x_3 \in \{0,1\},\ x_4 = 1
\end{aligned}$$

これらの子問題の最小値は元の 0-1 整数計画問題 (10.2) の最小値以上になる[†]．さらに，$P(\{4\},\emptyset)$ と $P(\emptyset,\{4\})$ のどちらかの最小解は問題 (10.2) の最小解となる．このように最小解を保存するように複数の子問題を生成する作業を**分枝操作**と呼ぶ ("枝" という言葉を使う理由は後で明らかになる)．

子問題も 0-1 整数計画問題であるため，(元の問題より自由変数の数は少ないが) 容易に解くことはできない．そこで，子問題よりも簡単に解け，その最小値が子問題の最小値以下となるような問題を考えよう．そのような問題を子問題の**緩和問題**と呼ぶ．例えば，自由変数に対する 0-1 制約を

$$0 \leq x_i \leq 1 \quad (i \in F)$$

に置き換えた次の問題 $\bar{P}(J_0, J_1)$ は子問題 $P(J_0, J_1)$ の緩和問題となる．

$$\begin{aligned}
\bar{P}(J_0, J_1) \quad & \min \quad c^T x \\
& \text{s.t.} \quad (a^i)^T x \leq b_i \quad (i = 1, \ldots, r) \\
& \qquad\; x_i = 0 \quad (i \in J_0) \\
& \qquad\; x_i = 1 \quad (i \in J_1) \\
& \qquad\; 0 \leq x_i \leq 1 \quad (i \in F)
\end{aligned}$$

[†] これらの子問題の実行可能集合は問題 (10.2) の実行可能集合よりも小さくなるため．

問題 $\bar{P}(J_0, J_1)$ を子問題 $P(J_0, J_1)$ の**連続緩和問題**と呼ぶ．連続緩和問題は線形計画問題であるから，単体法などで解くことができる．また，連続緩和問題の実行可能集合は子問題 $P(J_0, J_1)$ の実行可能集合を含むため，連続緩和問題の最小値は元の子問題の最小値以下になる．このように，連続緩和問題の最小値は元の子問題の最小値の**下界値**を与える[†1]．

上の例に戻って，まず，子問題 $P(\emptyset, \{4\})$ の連続緩和問題 $\bar{P}(\emptyset, \{4\})$ を調べると，$\bar{P}(\emptyset, \{4\})$ は実行可能解をもたないことがわかる．したがって $P(\emptyset, \{4\})$ も実行可能解をもたない．このことから，次の結論が導かれる．

(a) $\{4\} \subseteq J_1$ となるようなすべての子問題 $P(J_0, J_1)$ [†2]は実行可能解をもたないので，解く必要がない．

このように解く必要がない子問題を見つける作業が**限定操作**である．特に，それ以上分枝操作を施す必要がなくなった子問題は**終端**されるという．

次に，子問題 $P(\{4\}, \emptyset)$ の連続緩和問題 $\bar{P}(\{4\}, \emptyset)$ を調べよう．$\bar{P}(\{4\}, \emptyset)$ を解くと，最小解 $(x_1, x_2, x_3, x_4)^T = (0, 0.5, 0.5, 0)^T$ を得る．これは 0-1 制約を満たしていないので，子問題 $P(\{4\}, \emptyset)$ の最小解ではない (元の 0-1 整数計画問題 (10.2) の実行可能解でもない)．そこで，子問題 $P(\{4\}, \emptyset)$ の最小解を求めるために，さらに x_2 を 0 または 1 に固定することにより[†3]，子問題 $P(\{4\}, \emptyset)$ の子問題 $P(\{4\}, \{2\})$ と $P(\{2,4\}, \emptyset)$ を生成する (**分枝操作**)．

まず，子問題 $P(\{4\}, \{2\})$ に対する連続緩和問題 $\bar{P}(\{4\}, \{2\})$ を考えよう．この問題の最小解 $x = (0, 1, 0, 0)^T$ は子問題 $P(\{4\}, \{2\})$ の制約条件を満たしているので，$x = (0, 1, 0, 0)^T$ は子問題 $P(\{4\}, \{2\})$ の最小解である．子問題 $P(\{4\}, \{2\})$ の最小解が見つかったため

(b) $\{4\} \subseteq J_0, \{2\} \subseteq J_1$ であるようなすべての子問題 $P(J_0, J_1)$ [†4]は調べる必要はない．

つまり，子問題 $P(\{4\}, \{2\})$ は終端できる．

子問題 $P(\{4\}, \{2\})$ の最小解 $x = (0, 1, 0, 0)^T$ は問題 (10.2) の実行可能解であるから，問題 (10.2) の最小解となる可能性がある．現在得られている実行可能解のうち，最も目的関数値が小さいものを**暫定解**と呼び，その目的関数値を**暫定値**と呼ぶ．いま，得られている問題 (10.2) の実行可能解は $x = (0, 1, 0, 0)^T$ だけであるから，$x = (0, 1, 0, 0)^T$ が暫定解であり，その目的関数値 2 が暫定値になる．

[†1] (未知の) 最小値が決してそれより小さくならないことが保証されている値を最小値の下界値という．
[†2] $P(\emptyset, \{4\})$ のいくつかの自由変数を 0 または 1 に固定した $P(\emptyset, \{4\})$ の子問題．
[†3] この例では，まず変数 x_4 を固定して子問題を生成し，次に変数 x_2 を固定してさらに子問題を生成しているが，計算の効率化のためには分枝操作においてどの変数を選ぶかが重要である．分枝操作の考え方については後述する．
[†4] $P(\{4\}, \{2\})$ のいくつかの自由変数を 0 または 1 に固定した $P(\{4\}, \{2\})$ の子問題．

次に，まだ調べていない子問題 $P(\{2,4\},\emptyset)$ の連続緩和問題 $\bar{P}(\{2,4\},\emptyset)$ を考えよう．問題 $\bar{P}(\{2,4\},\emptyset)$ の最小解は $x = (0.5, 0, 0.5, 0)^T$，最小値は 2.5 であるから，$P(\{2,4\},\emptyset)$ の最小値の下界値 3 を得る[†1]．$\{2,4\} \subseteq J_0$ であるようなすべての子問題 $P(J_0, J_1)$ [†2] の最小値は子問題 $P(\{2,4\},\emptyset)$ の最小値以上になるから，次の不等式が成り立つ．

暫定値 $(= 2) < P(\{2,4\},\emptyset)$ の下界値 $(= 3)$

$\leq P(\{2,4\},\emptyset)$ の最小値

$\leq \{2,4\} \subseteq J_0$ であるような任意の子問題 $P(J_0, J_1)$ の最小値

よって

(c) $\{2,4\} \subseteq J_0$ であるようなすべての子問題は調べる必要がない．

ここでも子問題の終端が行われる．このように子問題の最小値の下界値を用いて終端できるかどうかを調べる操作を**下界値テスト**と呼ぶ．

以上の (a), (b), (c) より，問題 (10.2) のすべての子問題を実質的に調べたことになるので，問題 (10.2) の大域的最小解が $x = (0, 1, 0, 0)^T$ であることがわかる．生成された子問題の数 (と実際に解かれた連続緩和問題の数) は 4 であり，$J_0 \cup J_1 = \{1, 2, 3, 4\}$ である子問題の数 $2^4 = 16$ より大幅に少なくなっている．

上に述べた分枝操作と限定操作の仕組みを視覚的に理解するには，**図 10.2** のような "木" を逆さにしたような図を考えると便利である．これを**分枝図**と呼ぶ．分枝図は，問題の自由変数を一つずつ 0 または 1 に固定していく様子を表している．この図の各点 (節点と呼ぶ) は

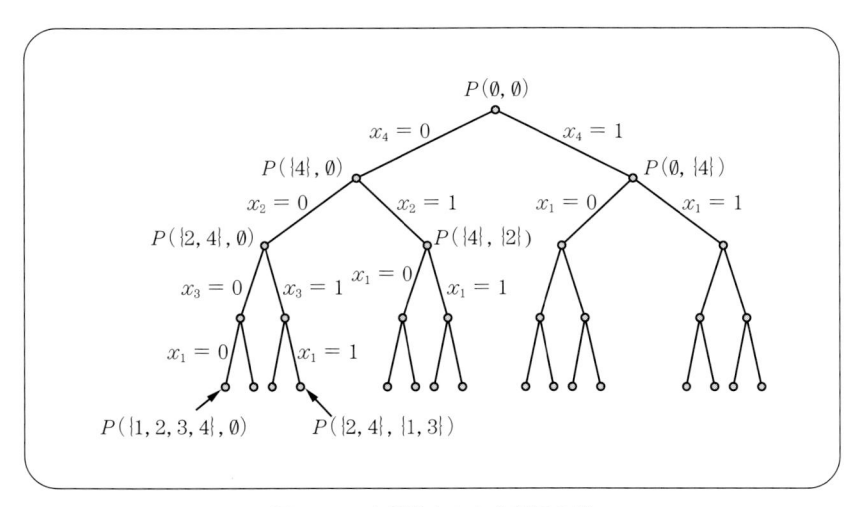

図 10.2 木構造をした分枝図の例

[†1] 整数計画問題の性質から $P(\{2,4\},\emptyset)$ の最小値は必ず整数になるので，少なくとも 3 以上である．よって下界値は 3 となる．
[†2] $P(\{2,4\},\emptyset)$ のいくつかの自由変数を 0 または 1 に固定した $P(\{2,4\},\emptyset)$ の子問題．

一つの子問題に対応しており，特に最上部の節点 (根と呼ぶ) はどの変数も固定されていない問題，すなわち元の 0-1 整数計画問題 (10.1) を表している．最下部でない各節点から下に新しい節点 (子問題) を生成する作業が分枝操作である．最下部の節点はすべての変数が 0 または 1 に固定された子問題に対応している (図 10.2 では，最下部の節点の数は 2^4 である)．なお，同じ問題であっても，固定する自由変数の順番が違えば，異なる分枝図となる．図 10.2 では，x_4 を最初に固定しているが，別の変数を先に固定すると違う分枝図が得られる．

分枝限定法は，分枝操作によって生成される子問題に対して，それが元の問題の最小解をもつ可能性をチェックする．もしその可能性がなければ，その子問題から下につながるすべての子問題 (節点) を調べる必要はない．したがって，そのような子問題 (節点) は終端される．この作業が限定操作である．また，子問題の最小解が得られたときも，その子問題から下につながる子問題 (節点) を調べる必要がなくなるため，その子問題 (節点) は終端される．

子問題が終端されるのは以下の三つの場合である．

(a) 子問題（またはその緩和問題）が実行可能解をもたないとき．

(b) 子問題の最小解が得られたとき．

(c) 子問題 (またはその緩和問題) の最小値 (下界値) が暫定値より大きいか等しいとき．

先ほどの例では，子問題を $P(\emptyset,\{4\})$，$P(\{4\},\emptyset)$，$P(\{4\},\{2\})$，$P(\{2,4\},\emptyset)$ の順番で調べ，子問題 $P(\emptyset,\{4\})$，$P(\{4\},\{2\})$，$P(\{2,4\},\emptyset)$ が終端された (図 **10.3**)．その結果，四つの子問題を調べるだけで，問題の最小解を求めることができた．

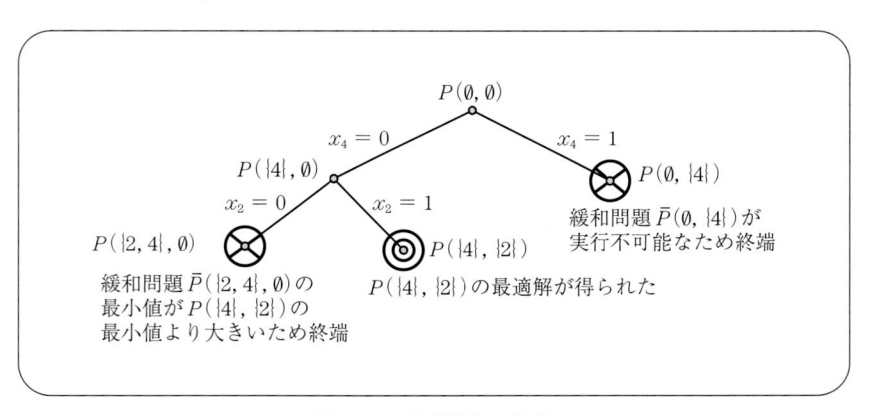

図 10.3 子問題の終端

0-1 整数計画問題に対する分枝限定法を以下にまとめる．ここで，$\mathcal{A}$ は生成されたがまだ調べられていない子問題の集合を表している．

分枝限定法

ステップ 0：適当な方法で実行可能な近似解 (暫定解) x^* を求め，その目的関数値を暫定値 z^* とする (実行可能解が容易に求まらないときは $z^* := \infty$ とする)．添字 $i \in \{1, 2, \ldots, n\}$ を一つ選び，$\mathcal{A} := \{P(\{i\}, \emptyset), P(\emptyset, \{i\})\}$ とおく．

ステップ 1：(限定操作)　集合 $\mathcal{A}$ から子問題を一つ選ぶ．この子問題を $P(J_0, J_1)$ とする．

   a)　もし子問題 $P(J_0, J_1)$ が実行可能解をもたなければ，直ちに $P(J_0, J_1)$ を終端する．$\mathcal{A} := \mathcal{A} \setminus \{P(J_0, J_1)\}$ としてステップ 3 へ．

   b)　もし子問題 $P(J_0, J_1)$ の最小解 $\hat{x}$ が得られたならば，$P(J_0, J_1)$ を終端する．その最小値 $\hat{z}$ が $\hat{z} < z^*$ を満たせば，$\hat{x}$ と $\hat{z}$ をそれぞれ新たな暫定解 x^* および暫定値 z^* とする．$\mathcal{A} := \mathcal{A} \setminus \{P(J_0, J_1)\}$ としてステップ 3 へ．

   c)　子問題 $P(J_0, J_1)$ の下界値 $\bar{z}$ を求め，$\bar{z} \geqq z^*$ であれば $P(J_0, J_1)$ を終端する．$\mathcal{A} := \mathcal{A} \setminus \{P(J_0, J_1)\}$ としてステップ 3 へ．$\bar{z} < z^*$ であればステップ 2 へ．

ステップ 2：(分枝操作)　添字 $i \in \{1, 2, \ldots, n\} \setminus (J_0 \cup J_1)$ を一つ選び，$\mathcal{A} := \mathcal{A} \cup \{P(J_0 \cup \{i\}, J_1), P(J_0, J_1 \cup \{i\})\} \setminus \{P(J_0, J_1)\}$ とおく．ステップ 1 へ．

ステップ 3：$\mathcal{A} = \emptyset$ ならば計算終了．さもなくばステップ 1 へ．

分枝限定法は実質的にすべての子問題を調べる手法であり，計算が終了した時点で得られている暫定解は元の問題の大域的最小解である．

談話室

メタヒューリスティクス　0-1 整数計画問題に対する分枝限定法は，実質的にすべての子問題を調べる手法であり，有限回の演算で必ず最小解を得ることができる．しかし，限定操作がうまく働かないときには，多くの子問題を生成するため，最小解を得るために膨大な時間を要することがある．そのような難しい問題では，厳密な最小解を求める代わりに，現実的な計算時間でよい近似解を求める**メタヒューリスティクス**と呼ばれる手法がしばしば用いられる．代表的なメタヒューリスティクスに焼きなまし法 (アニーリング法)，タブー探索法，遺伝的アルゴリズムなどがある．

分枝限定法を実装する際には，ステップ0およびステップ2における子問題の生成（分枝操作），ステップ1における子問題の選び方，子問題の下界値の求め方などを具体的に与えなければならない．それらに対するいくつかの方策を説明しよう．

(1) **分枝操作** 根に近い節点で終端できれば，生成する子問題の数が少なくなり，計算時間を減らすことができる．そこで，ステップ2では，つぎの反復で終端できる可能性が高くなるように添字 $i \in \{1, 2, \ldots, n\} \setminus (J_0 \cup J_1)$ を選ぶ必要がある．例えば，目的関数の係数 c_i が最も大きい $i \in \{1, 2, \ldots, n\} \setminus (J_0 \cup J_1)$ を選ぶと，$x_i = 1$ と固定した子問題（節点）の最小値は大きくなり，下界値テストによって終端される可能性が高いと期待される．

(2) **深さ優先探索と最良優先探索** 分枝限定法のステップ1において，子問題の集合 $\mathcal{A}$ の中からどの子問題を選ぶかは，計算時間や記憶容量を考慮して決める必要がある．集合 $\mathcal{A}$ の中から分枝図で一番下にある子問題を選んでいく方法を**深さ優先探索**と呼ぶ（図 10.4）．この方法の長所は分枝限定法の計算の初期段階で暫定値が得られることである（分枝図の最下部に到達したとき実行可能解が得られれば，直ちに問題の暫定解が求まる）．一方，初期段階で元の問題の最小解を含まない子問題（節点）を選択してしまうと，その節点につながる不必要な子問題を調べなければならないため，非常に時間がかかることがある．例えば，元の問題の最小解において $x_1 = 1$ であるときに，図 10.4 のように $x_1 = 0$ と固定された子問題 $P(\{1\}, \emptyset)$ を選択してしまうと，元の問題の最小解をもたない子問題を解くために無駄な時間を費やしてしまうことになる．

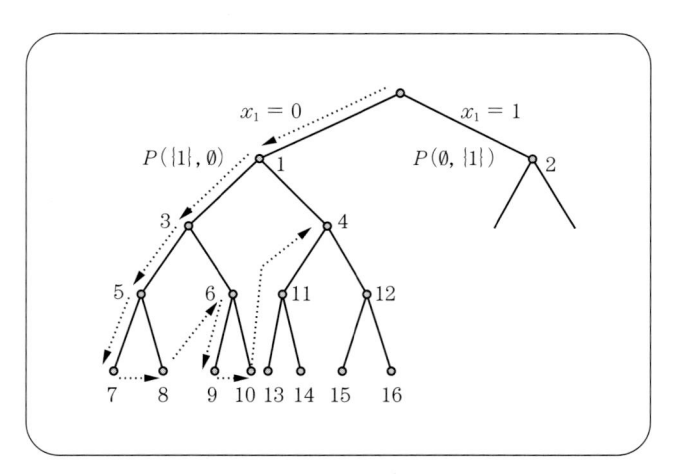

図 10.4 深さ優先探索（各節点の数字はその節点が生成された順番）

よりよい下界値をもつ節点を優先的に調べていく方法を**最良優先探索**という (図 10.5).
この方法では，ステップ2において子問題を生成すると同時にその下界値を計算する．深さ優先探索に比べて無駄な計算が少なくなり，元の問題の最小解が早く求まることが多い．一方，数多くの子問題が終端されずに子問題の集合 $\mathcal{A}$ に残る可能性が大きいため，$\mathcal{A}$ を保持するためにばく大な記憶容量が必要となり，途中で計算不能に陥ることがある．

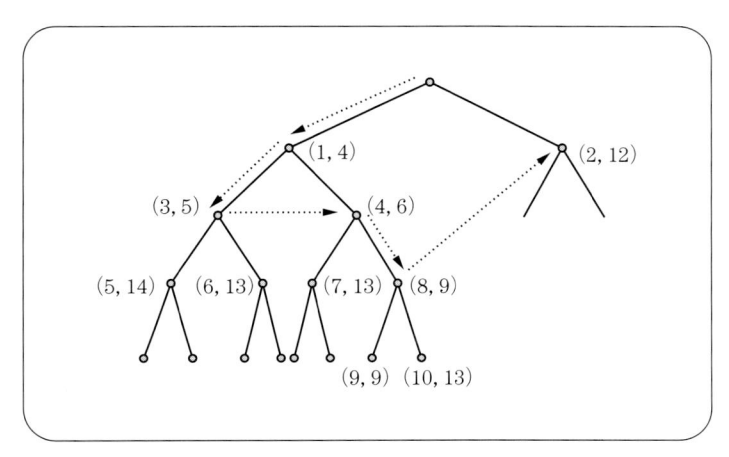

図 10.5 最良優先探索 (各節点の数字はその節点が生成
された順番 (左) と下界値 (右))

このように，どの探索方法にも一長一短があるので，問題に応じて，適切な方法を選ぶ必要がある．

(3) **下界値計算とラグランジュ緩和問題** よりよい (大きい) 下界値とよりよい (小さい) 暫定値が計算できれば，早い段階で終端できる子問題の数が多くなる．元の問題に忠実な緩和問題の最小値はよい下界値を与えるが，一般にそのような緩和問題を解くことは難しく，下界値の計算に時間がかかる．一方，あまりに単純な緩和問題の最小値 (下界値) は小さくなり過ぎて，子問題を終端することができず，分枝限定法全体の効率が悪くなる．緩和問題の解きやすさ (下界値を求める計算時間) と緩和の度合い (下界値の質) のバランスが重要である．

上に述べた計算例では連続緩和問題を用いた下界値の計算法を採用したが，次に紹介する**ラグランジュ緩和問題**もよく用いられる緩和問題である．6章で定義したように子問題 $P(J_0, J_1)$ の双対問題は

$$\max_{\mu \geq 0} \omega(\mu)$$

と書ける．ただし

$$\omega(\mu) = \min_{x \in X(J_0, J_1)} L(x, \mu)$$

であり

$$X(J_0, J_1) = \{x \in R^n \mid x_i = 0 \ (i \in J_0), \ x_i = 1 \ (i \in J_1), \ x_i \in \{0,1\} \ (i \in F)\},$$

$$L(x, \mu) = c^T x + \sum_{j=1}^{r} \mu_j ((a^j)^T x - b_j)$$

である．弱双対定理より，任意の $\mu \geqq 0$ において双対問題の目的関数値 $\omega(\mu)$, つまり

$$\min_{x \in X(J_0, J_1)} L(x, \mu) \tag{10.3}$$

は子問題 $P(J_0, J_1)$ の下界値を与える．問題 (10.3) のようにラグランジュ関数を用いていくつかの制約条件を目的関数に移した問題を**ラグランジュ緩和問題**と呼ぶ．

ラグランジュ緩和問題 (10.3) は元の問題 $P(J_0, J_1)$ より簡単に解ける．実際，ラグランジュ緩和問題 (10.3) の目的関数は

$$L(x, \mu) = c^T x + \sum_{j=1}^{r} \mu_j ((a^j)^T x - b_j) = \sum_{i=1}^{n} \left(c_i + \sum_{j=1}^{r} \mu_j a_i^j \right) x_i - \sum_{j=1}^{r} \mu_j b_j$$

となるので，ラグランジュ緩和問題 (10.3) の最小解はおのおのの $i \in F$ に対して

$$x_i = \begin{cases} 0 & \left(c_i + \sum_{j=1}^{r} \mu_j a_i^j \geqq 0 \right) \\ 1 & \left(c_i + \sum_{j=1}^{r} \mu_j a_i^j < 0 \right) \end{cases}$$

とすることにより簡単に計算できる．

ラグランジュ緩和問題 (10.3) の最小値 (下界値) は μ に依存している．よりよい下界値を得るためには μ が双対問題の (近似) 最大解となることが望ましい．双対問題の最大解を求める方法として，次の反復公式によって点列 $\{\mu^k\}$ を生成する**劣勾配法**と呼ばれる手法が提案されている．

$$\mu_j^{k+1} := \max\{\mu_j^k + t((a^j)^T x^k - b_j), \ 0\} \quad (j = 1, \ldots, r)$$

ここで，$t > 0$ は適当な方法で定めたステップ幅であり，x^k は $\mu = \mu^k$ としたラグランジュ緩和問題 (10.3) の最小解である．上の反復公式に現れる $(a^j)^T x^k - b_j$ は，双

対問題の目的関数 $\omega(\mu)$ の点 μ^k における勾配ベクトルの第 j 成分を表す[†]．上の反復公式で生成される点列 $\{\mu^k\}$ は常に非負制約 $\mu \geqq 0$ を満たす．現実的な観点からは，下界値の計算に時間をかけるのは効率的ではないので，適当な回数だけ劣勾配法の反復を繰り返し，その時点で得られている $L(x^k, \mu^k)$ を下界値として採用する．

(4) **暫定値** 分枝限定法では，ステップ0で暫定値を定める必要がある．もし，実行可能解がすぐに見つかるようであれば，それを暫定解とすればよい．例えば，1章で紹介したナップサック問題では，予算制約を満たすかぎり1円当りの満足度 c_i/a_i が大きいものから順に買うという方法である程度よい実行可能解を簡単に見つけることができる．実行可能解を見つけることが難しい問題では，とりあえず，$z^* = \infty$ とする．しかし，このことは，子問題の下界値がどれだけ大きくても，その子問題を終端できないことを意味している．そのため，分枝限定法の初期段階では，実行可能解（暫定解）をとりあえず一つ見つけることに専念する必要がある．

本章のまとめ

❶ **分枝限定法** 分枝操作と限定操作を繰り返して大域的最小解を見つける手法．

❷ **分枝操作** ある自由変数を固定して，いくつかの子問題を生成する操作．

❸ **限定操作** 子問題が元の問題の最小解を含む可能性があるかどうかを調べる操作．

❹ **緩和問題** 問題の制約条件をゆるめるなどの方法により構成される取り扱いやすい問題．

❺ **下界値** ある問題の最小値以下となることが理論的に保証されている数値．緩和問題の最小値を求めることにより得られる．

❻ **暫定値** それまでに得られた最もよい実行可能解の目的関数値．

[†] 厳密にいえば関数 ω は必ずしも微分可能ではない．しかし，ω に対しては，任意の μ において，勾配を拡張した概念である劣勾配と呼ばれるベクトルが存在することが知られている．

10. 分枝限定法

●理解度の確認●

問 10.1 分枝限定法の限定操作において子問題が終端できる三つの場合を述べよ．

問 10.2 次の 0-1 整数計画問題を考える．

$$\begin{aligned}\min \quad & -4x_1 - x_2 - 3x_3 \\ \text{s.t.} \quad & 2x_1 + 2x_2 + x_3 \leqq 2, \quad x_1, x_2, x_3 \in \{0,1\}\end{aligned}$$

以下の問に答えよ．

(1) この問題に対する分枝図を一つ書け．

(2) 連続緩和問題を用いて，分枝図の各節点 (子問題) における下界値を計算せよ．

問 10.3 0-1 整数計画問題に対して分枝限定法を適用したとき，ある段階で暫定値 z^* と子問題 $P(J_0, J_1)$ の連続緩和問題 $\bar{P}(J_0, J_1)$ の最小値 $\bar{z}$ が得られているとする．$z^* < \bar{z}$ であるとき，次の不等式の (1)〜(4) に当てはまるものを以下の A〜D から選べ．

(1)____ < (2)____ ≦ (3)____ ≦ (4)____

A. $J_0 \subseteq I_0, J_1 \subseteq I_1$ であるような子問題 $P(I_0, I_1)$ の最小値

B. 暫定値 z^*

C. 子問題 $P(J_0, J_1)$ の最小値

D. 連続緩和問題 $\bar{P}(J_0, J_1)$ の最小値 $\bar{z}$

11 内点法と逐次2次計画法

非線形計画問題に対する代表的な解法に内点法と逐次2次計画法がある．この章では，まず凸2次計画問題に対する内点法を説明し，次に一般の非線形計画問題に対する逐次2次計画法を紹介する．

11.1 凸2次計画問題に対する内点法

この節では，凸2次計画問題に対する内点法を説明する．内点法は，凸2次計画問題の特別な場合である線形計画問題に対する効率的な方法としてもよく知られている．

次の凸2次計画問題を考える．

$$\begin{aligned} \min \quad & \frac{1}{2}x^T Q x + p^T x \\ \text{s.t.} \quad & Ax = b \\ & x_j \geq 0 \quad (j=1,\ldots,n) \end{aligned} \tag{11.1}$$

ただし，Q は $n \times n$ 半正定値対称行列，p は n 次元ベクトル，A は $m \times n$ 行列，b は m 次元ベクトルである．線形計画問題は $Q=0$ であるような特別な凸2次計画問題 (11.1) である．一般の不等式制約をもつ2次計画問題は，9.1 節で説明したように，スラック変数を用いて問題 (11.1) の形に変換できる．

問題 (11.1) の KKT 条件は

$$\begin{aligned} & Qx + p + A^T \lambda - \mu = 0 \\ & Ax = b \\ & x_j \geq 0,\ \mu_j \geq 0,\ \mu_j x_j = 0 \quad (j=1,\ldots,n) \end{aligned} \tag{11.2}$$

と書ける．以下では，行列 A の階数は m であり，$Qx + p + A^T\lambda - \mu = 0$，$Ax = b$ かつ $x_j > 0$, $\mu_j > 0$ $(j=1,\ldots,n)$ を満たす (x,λ,μ) が存在すると仮定する[†]．

正のパラメータ $w \in R$ を用いて，KKT 条件 (11.2) の相補性条件 $\mu_j x_j = 0$ を $\mu_j x_j = w$ で置き換えた次の条件を考える．

$$Qx + p + A^T\lambda - \mu = 0 \tag{11.3}$$

$$Ax = b \tag{11.4}$$

$$x_j > 0,\ \mu_j > 0,\ \mu_j x_j = w \quad (j=1,\ldots,n) \tag{11.5}$$

ここで，$\mu_j x_j = w > 0$ のとき，$x_j \neq 0$ かつ $\mu_j \neq 0$ となるから，式 (11.2) の非負条件 $x_j \geq 0$，$\mu_j \geq 0$ は $x_j > 0$，$\mu_j > 0$ としても不都合が生じないことに注意しよう．

[†] この条件を満たす点 (x,λ,μ) が存在するとき，問題は狭義実行可能であるという．この条件の下では，問題 (11.1) の最小解の集合は有界になる．

11.1 凸2次計画問題に対する内点法

さらに，パラメータ w を含む関数 $G_w : R^{n+m+n} \to R^{n+m+n}$ を

$$G_w(x, \lambda, \mu) = \begin{pmatrix} Qx + p + A^T\lambda - \mu \\ Ax - b \\ x_1\mu_1 - w \\ \vdots \\ x_n\mu_n - w \end{pmatrix} \tag{11.6}$$

と定義する．条件 (11.3)〜(11.5) は (x, λ, μ) に関する非線形方程式

$$G_w(x, \lambda, \mu) = 0 \tag{11.7}$$

と x, μ に対する不等式条件

$$x > 0, \quad \mu > 0$$

によって表される．

次に示すように，関数 G_w のヤコビ行列は $x > 0$, $\mu > 0$ を満たす任意の点において正則になる．以下では，任意の n 次元ベクトル $y = (y_1, \ldots, y_n)^T$ に対して，y_i を i 行 i 列にもつ $n \times n$ 対角行列を

$$\mathrm{Diag}(y) = \begin{pmatrix} y_1 & & 0 \\ & \ddots & \\ 0 & & y_n \end{pmatrix}$$

で表す．

定理 11.1 $x_j > 0$, $\mu_j > 0$ $(j = 1, \ldots, n)$ とする．このとき，G_w のヤコビ行列

$$G'_w(x, \lambda, \mu) = \begin{pmatrix} Q & A^T & -I \\ A & 0 & 0 \\ \mathrm{Diag}(\mu) & 0 & \mathrm{Diag}(x) \end{pmatrix} \tag{11.8}$$

は正則である．

証明 次式を満たすベクトル $v^1 \in R^n$, $v^2 \in R^m$, $v^3 \in R^n$ がすべて 0 となることを示す．

$$\begin{pmatrix} Q & A^T & -I \\ A & 0 & 0 \\ \mathrm{Diag}(\mu) & 0 & \mathrm{Diag}(x) \end{pmatrix} \begin{pmatrix} v^1 \\ v^2 \\ v^3 \end{pmatrix} = 0 \tag{11.9}$$

$x_j > 0$ $(j = 1, \ldots, n)$ より $\mathrm{Diag}(x)$ は正則であるから $v^3 = -\mathrm{Diag}(x)^{-1}\mathrm{Diag}(\mu)v^1$ と表せる．

$$M = Q + \mathrm{Diag}(x)^{-1}\mathrm{Diag}(\mu)$$

とすると，式 (11.9) より

$$Mv^1 + A^T v^2 = 0, \quad Av^1 = 0$$

と書ける．第 1 式の両辺に左から $(v^1)^T$ を掛け，第 2 式を用いると

$$0 = (v^1)^T(Mv^1 + A^T v^2) = (v^1)^T M v^1$$

を得る．仮定の下で M は正定値行列となるから，この式は $v^1 = 0$ であることを意味する．このとき，$A^T v^2 = 0$ を得るが，行列 A の階数が m であることより，$v^2 = 0$ となる．さらに $v^3 = -\mathrm{Diag}(x)^{-1}\mathrm{Diag}(\mu)v^1$ より，$v^3 = 0$ となる．したがって，式 (11.8) のヤコビ行列 $G'_w(x,\lambda,\mu)$ は正則である．

任意の $w > 0$ に対して非線形方程式 (11.7) は唯一の解をもつ．その解を $(x(w),\lambda(w),\mu(w))$ と表し，w を変化させたとき，条件 (11.3)〜(11.5) を満たす点が描く軌跡

$$\{(x(w),\lambda(w),\mu(w)) \mid w > 0\}$$

を**中心パス**と呼ぶ．中心パスの極限 $\lim_{w \to 0}(x(w),\lambda(w),\mu(w))$ は凸 2 次計画問題 (11.1) の KKT 点になる．

$\{w_k\}$ を 0 に収束する正数列とする．**内点法**は，次に示す反復公式によって，中心パス上の点列 $\{(x(w_k),\lambda(w_k),\mu(w_k))\}$ を追跡する点列 $\{(x^k,\lambda^k,\mu^k)\}$ を生成する手法である．

$$\begin{pmatrix} x^{k+1} \\ \lambda^{k+1} \\ \mu^{k+1} \end{pmatrix} = \begin{pmatrix} x^k \\ \lambda^k \\ \mu^k \end{pmatrix} + t_k \begin{pmatrix} d_x \\ d_\lambda \\ d_\mu \end{pmatrix}, \quad x^{k+1} > 0, \ \mu^{k+1} > 0 \tag{11.10}$$

ただし，t_k は点列が中心パスから離れ過ぎないように定められるステップ幅であり，探索方向 (d_x, d_λ, d_μ) は非線形方程式 $G_{w_k}(x,\lambda,\mu) = 0$ に対するニュートン方程式

$$G'_{w_k}(x^k,\lambda^k,\mu^k) \begin{pmatrix} d_x \\ d_\lambda \\ d_\mu \end{pmatrix} = -G_{w_k}(x^k,\lambda^k,\mu^k) \tag{11.11}$$

の解である．定理 11.1 より，ヤコビ行列 $G'_{w_k}(x^k,\lambda^k,\mu^k)$ は正則であるから，式 (11.11) より探索方向 (d_x, d_λ, d_μ) は一意に定まる．

談話室

非線形方程式のニュートン法　この手法は，最小化問題だけでなく，ベクトル値関数 $F: R^n \to R^n$ に対する非線形方程式

$$F(x) = 0$$

の代表的な解法である．ニュートン法は**ニュートン方程式**と呼ばれる線形方程式

$$F'(x^k)d = -F(x^k)$$

の解 d^k を用いて

$$x^{k+1} = x^k + d^k$$

によって点列 $\{x^k\}$ を生成する．初期点を解の十分近くに選ぶと，ニュートン法によって生成される点列は解に 2 次収束することが知られている．非線形方程式に対するニュートン法と数理計画問題に対する多くの解法には密接な関係がある．実際，制約なし最小化問題に対する最適性の 1 次の必要条件 $\nabla f(x) = 0$ を非線形方程式と見なしたとき，$\nabla f(x) = 0$ に対するニュートン法は 8 章で説明した制約なし最小化問題に対するニュートン法と一致する．

生成する点列が中心パスから大きく離れないようにステップ幅 t_k を定めるために，次に定義する集合 $N_{\alpha,\beta}$ を用いる（図 11.1）．

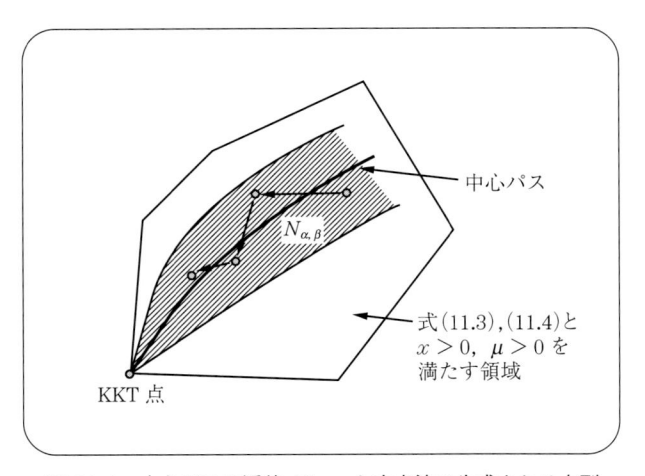

図 11.1　中心パスの近傍 $\boldsymbol{N}_{\alpha,\beta}$ と内点法で生成される点列

$$N_{\alpha,\beta} := \left\{ (x,\lambda,\mu) \,\middle|\, \begin{array}{ll} (\text{i}) & \alpha w_0 \|Qx + p + A^T\lambda - \mu\| \leq w \|Qx^0 + p + A^T\lambda^0 - \mu^0\| \\ (\text{ii}) & \alpha w_0 \|Ax - b\| \leq w \|Ax^0 - b\| \\ (\text{iii}) & x_j > 0,\ \mu_j > 0,\ x_j\mu_j \geq \beta w \quad (j=1,\ldots,n) \\ & w = \dfrac{1}{n}\sum_{j=1}^{n} x_j\mu_j \end{array} \right\}$$

ただし，(x^0, λ^0, μ^0) は $x^0 > 0, \mu^0 > 0$ を満たす初期点であり，$w_0 = \sum_{j=1}^{n} x_j^0 \mu_j^0 / n$ である．さらに，$\alpha, \beta \in (0,1)$ は集合 $N_{\alpha,\beta}$ の大きさを調整するためのパラメータである．集合 $N_{\alpha,\beta}$ を**中心パスの近傍**と呼ぶ．パラメータ β を

$$x_j^0 \mu_j^0 \geq \beta w_0 \quad (j=1,\ldots,n)$$

が成り立つように選べば，$(x^0, \lambda^0, \mu^0) \in N_{\alpha,\beta}$ となる．近傍 $N_{\alpha,\beta}$ の条件（i），（ii），（iii）はそれぞれ条件 (11.3)〜(11.5) を緩和したものである．初期点 (x^0, λ^0, μ^0) が条件 (11.3) と (11.4) を満たすとき，条件（i），（ii）より，任意の $(x, \lambda, \mu) \in N_{\alpha,\beta}$ もまた条件 (11.3), (11.4) を満たす．$\beta = 1$ のとき，条件 (iii) は (11.5) と一致する．したがって，(x^0, λ^0, μ^0) が条件 (11.3) と条件 (11.4) を満たし，$\beta = 1$ であれば，$N_{\alpha,\beta}$ は中心パスそのものになる．

近傍 $N_{\alpha,\beta}$ を用いて，新しい点 $(x^{k+1}, \lambda^{k+1}, \mu^{k+1})$ が

$$(x^{k+1}, \lambda^{k+1}, \mu^{k+1}) \in N_{\alpha,\beta} \tag{11.12}$$

を満たすようにステップ幅 t_k を定める．こうすることによって，内点法で生成される点列は中心パスから大きく離れることなく，KKT 点に向かって中心パスを追跡することができる（図 11.1）．

次に正数列 $\{w_k\}$ の更新方法を与えよう．

$$\bar{w}_k = \frac{1}{n}\sum_{j=1}^{n} x_j^k \mu_j^k$$

とすると，$(x(\bar{w}_k), \lambda(\bar{w}_k), \mu(\bar{w}_k))$ は (x^k, λ^k, μ^k) から最も近い中心パス上の点と考えることができる（**図 11.2**）．そこで，w_k が $\bar{w}_k$ よりも小さくなるように，パラメータ $\rho \in (0,1)$ を用いて

$$w_k = \frac{\rho}{n}\sum_{j=1}^{n} x_j^k \mu_j^k \tag{11.13}$$

と定めれば，点 $(x^{k+1}, \lambda^{k+1}, \mu^{k+1})$ は KKT 点に近づくと期待できる．

以上のことをまとめると，内点法は以下のように記述できる．

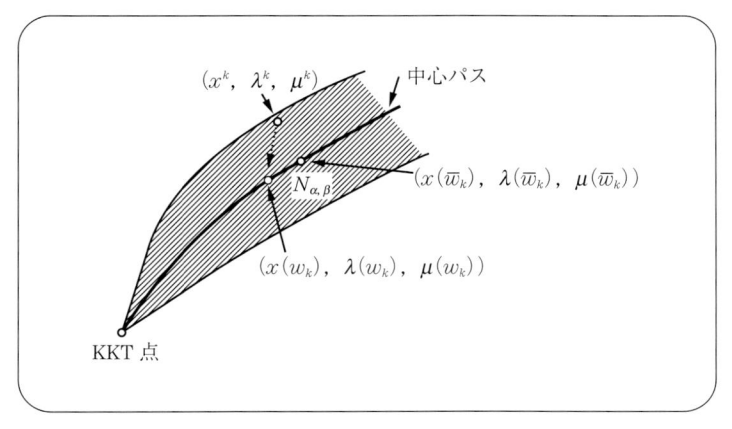

図 11.2 k 回目の反復で追跡する中心パス上の
点 $(x(w_k), \lambda(w_k), \mu(w_k))$

内点法

ステップ **0**：（初期設定）　パラメータ $\rho \in (0,1)$ を定める．$x^0 > 0$, $\mu^0 > 0$ であるような初期点 (x^0, λ^0, μ^0) を選ぶ．$w_0 := \rho(x^0)^T \mu^0 / n$ とする．$(x^0, \mu^0, \lambda^0) \in N_{\alpha,\beta}$ となるように $\alpha, \beta \in (0,1)$ を定める．$k := 0$ とする．

ステップ **1**：（点列の更新）　$(x^{k+1}, \lambda^{k+1}, \mu^{k+1}) \in N_{\alpha,\beta}$ を満たす点を式 (11.10) と式 (11.11) によって求める．

ステップ **2**：（w_k の更新）　w_k が十分小さければ終了する．そうでなければ

$$w_{k+1} := \frac{\rho}{n}(x^{k+1})^T \mu^{k+1}$$

とする．$k := k+1$ として，ステップ 1 へ．

線形計画問題や凸2次計画問題に対する内点法は，パラメータを適切に選べば，理論的に多項式時間の解法になる．

11.2　逐次2次計画法

　この節では一般の非線形計画問題の代表的な解法である逐次2次計画法を紹介する．逐次2次計画法は，制約なし最小化問題に対する準ニュートン法を制約付き問題に拡張した方法と見なすことができる．

11. 内点法と逐次 2 次計画法

次の非線形計画問題を考える．

$$
\begin{aligned}
\min \quad & f(x) \\
\text{s.t.} \quad & h_i(x) = 0 \quad (i = 1, \ldots, m) \\
& g_j(x) \leqq 0 \quad (j = 1, \ldots, r)
\end{aligned}
\tag{11.14}
$$

この問題のラグランジュ関数を

$$L(x, \lambda, \mu) = f(x) + \sum_{i=1}^{m} \lambda_i h_i(x) + \sum_{j=1}^{r} \mu_j g_j(x)$$

と定義する．

一般に，最小化問題に対する効率のよい解法の多くはニュートン法に基づいている．制約なし最小化問題に対するニュートン法は目的関数の 2 次近似関数の最小点を次の反復点とする．これに対して，制約付き非線形計画問題 (11.14) では，現在の反復点 x^k において目的関数を 2 次近似した関数と制約関数を 1 次近似した関数を用いて表される次の 2 次計画問題を考える．

$$
\begin{aligned}
\min \quad & f(x^k) + \nabla f(x^k)^T (x - x^k) + \frac{1}{2}(x - x^k)^T B_k (x - x^k) \\
\text{s.t.} \quad & h_i(x^k) + \nabla h_i(x^k)^T (x - x^k) = 0 \quad (i = 1, \ldots, m) \\
& g_j(x^k) + \nabla g_j(x^k)^T (x - x^k) \leqq 0 \quad (j = 1, \ldots, r)
\end{aligned}
\tag{11.15}
$$

ただし，B_k は $n \times n$ 正定値対称行列である．問題 (11.15) は凸 2 次計画問題であるから，内点法などの方法を用いて，効率よく最小解を計算することができる．

問題 (11.14) が制約条件をもたないとき，すなわち制約なし最小化問題の場合には，$B_k := \nabla^2 f(x^k)$ とすれば，問題 (11.15) はニュートン方向を定める問題 (8.12) と一致する．このことから，問題 (11.15) の最小解 $\bar{x}$ を次の反復点 x^{k+1} とする反復法は，ニュートン法を制約付き非線形計画問題へ拡張した方法と見なせる．ニュートン法と同様，初期点 x^0 を問題 (11.14) の最小解 x^* の近くに選べば，生成される点列 $\{x^k\}$ は最小解 x^* に速く収束することが期待できる．しかし，初期点が x^* から離れているときは，最小解に収束する保証はない．そこで，制約なし最小化問題のときと同様，ステップ幅を用いて，反復点を

$$x^{k+1} = x^k + t_k d^k$$

と定めることを考える．ただし，探索方向 d^k は凸 2 次計画問題

$$
\begin{aligned}
\min \quad & \nabla f(x^k)^T d + \frac{1}{2} d^T B_k d \\
\text{s.t.} \quad & h_i(x^k) + \nabla h_i(x^k)^T d = 0 \quad (i = 1, \ldots, m) \\
& g_j(x^k) + \nabla g_j(x^k)^T d \leqq 0 \quad (j = 1, \ldots, r)
\end{aligned}
\tag{11.16}
$$

の最小解である[†1]．問題 (11.16) を第 k 反復における**部分問題**と呼ぶ．

制約付き非線形計画問題では，制約条件も考慮してステップ幅を定める必要がある．そこで，次の関数 $f_c : R^n \to R$ を考える．

$$f_c(x) := f(x) + cp_1(x)$$

ただし，$p_1 : R^n \to R$ は

$$p_1(x) = \sum_{i=1}^{m} |h_i(x)| + \sum_{j=1}^{r} \max\{0, g_j(x)\}$$

で定義される関数であり，L_1**ペナルティ関数**と呼ばれる．また，c はペナルティパラメータと呼ばれる正のパラメータである．明らかに，任意の $x \in R^n$ に対して $p_1(x) \geqq 0$ であり，$p_1(x) = 0$ となることと x が非線形計画問題 (11.14) の制約条件を満たすことは等価である．したがって，関数 f_c の値が小さくなるようにアルミホのルールなどを用いてステップ幅を定めれば，制約条件を考慮しつつ目的関数を減少させることができる．関数 f_c に対するアルミホのルールは，定数 $\alpha \in (0,1)$ と $\beta \in (0,1)$ を用いて

$$f_c(x^k + (\beta)^l d^k) - f_c(x^k) \leqq \alpha(\beta)^l f_c'(x^k; d^k) \tag{11.17}$$

を満たす最小の非負整数 l を求めることによりステップ幅 $t_k = (\beta)^l$ を定めるものである．ただし，f_c は微分不可能な関数であるから，式 (8.4) の $\nabla f(x^k)^T d^k$ の代わりに，点 x^k における関数 f_c の方向 d^k に関する方向微係数 $f_c'(x^k; d^k)$ を用いている[†2]．なお，方向微係数 $f_c'(x; d)$ は

$$f_c'(x; d) = \lim_{\tau \downarrow 0} \frac{f_c(x + \tau d) - f_c(x)}{\tau}$$

$$= \nabla f(x)^T d + c \left(\sum_{i=1}^{m} \hat{h}_i'(x; d) + \sum_{j=1}^{r} \hat{g}_j'(x; d) \right)$$

で定義される．ここで，$\hat{h}_i(x) = |h_i(x)|$, $\hat{g}_j(x) = \max\{0, g_j(x)\}$ であり

$$\hat{h}_i'(x; d) = \begin{cases} \nabla h_i(x)^T d & (h_i(x) > 0) \\ |\nabla h_i(x)^T d| & (h_i(x) = 0) \\ -\nabla h_i(x)^T d & (h_i(x) < 0) \end{cases}$$

[†1] 問題 (11.16) は問題 (11.15) において $x - x^k$ を d に置き換えた問題である．ただし，目的関数の定数項 $f(x^k)$ は省略している．

[†2] f_c が点 x において微分可能であれば，$f_c'(x; d) = \nabla f_c(x)^T d$ となる．

$$\hat{g}'_j(x;d) = \begin{cases} \nabla g_j(x)^T d & (g_j(x) > 0) \\ \max\{0, \nabla g_j(x)^T d\} & (g_j(x) = 0) \\ 0 & (g_j(x) < 0) \end{cases}$$

である．アルミホのルールによってステップ幅 t_k が定まるためには

$$f'_c(x^k; d^k) < 0$$

が満たされていなければならない†．次の定理はそのための条件を与える．

定理 11.2 部分問題 (11.16) の KKT 点を $(d^k, \lambda^{k+1}, \mu^{k+1})$ とする．そのとき

$$c > \max\{|\lambda_1^{k+1}|, \ldots, |\lambda_m^{k+1}|, \mu_1^{k+1}, \ldots, \mu_r^{k+1}\} \tag{11.18}$$

であれば，次の不等式が成り立つ．

$$f'_c(x^k; d^k) \leqq -(d^k)^T B_k d^k$$

いま B_k は正定値行列であるから，この定理より，ペナルティパラメータ c が十分大きい値に設定されているならば，部分問題 (11.16) の最小解 d^k は関数 f_c の降下方向となる．したがって，d^k を探索方向とし，アルミホのルールによってステップ幅 t_k を定めることにより，関数 f_c を減少させる点列 $\{x^k\}$ を生成することができる．このようにして点列 $\{x^k\}$ を生成する反復法を**逐次 2 次計画法**という．

部分問題 (11.16) の KKT 条件は

$$B_k d + \nabla f(x^k) + \sum_{i=1}^{m} \lambda_i \nabla h_i(x^k) + \sum_{j=1}^{r} \mu_j \nabla g_j(x^k) = 0$$

$$h_i(x^k) + \nabla h_i(x^k)^T d = 0 \quad (i = 1, \ldots, m)$$

$$g_j(x^k) + \nabla g_j(x^k)^T d \leqq 0, \quad \mu_j \geqq 0, \quad (g_j(x^k) + \nabla g_j(x^k)^T d)\mu_j = 0 \quad (j = 1, \ldots, r)$$

と書ける．このことから，次の定理が直ちに導かれる．

定理 11.3 部分問題 (11.16) の KKT 点を $(d^k, \lambda^{k+1}, \mu^{k+1})$ とする．$d^k = 0$ であれば $(x^k, \lambda^{k+1}, \mu^{k+1})$ は非線形計画問題 (11.14) の KKT 点である．

この定理より，$d^k = 0$ を逐次 2 次計画法の終了条件として使うことができる．

---

† $f'(x;d) < 0$ となる方向 d を f の点 x における**降下方向**と呼ぶ．$f'(x^k; d^k) < 0$ であれば，8 章の議論と同様にして，アルミホのルールを満たすステップ幅が計算できることが示せる．

11.2 逐次2次計画法

逐次 2 次計画法

ステップ 0：（初期設定）　パラメータ $\alpha, \beta \in (0,1)$ と $c \in (0, \infty)$ を定める．初期点 $x^0 \in R^n$ と初期行列 B_0 を選ぶ．$k := 0$ とする．

ステップ 1：（探索方向の計算）　2 次計画問題 (11.16) の最小解 d^k とそれに対応するラグランジュ乗数 $(\lambda^{k+1}, \mu^{k+1})$ を求める．$\|d^k\|$ が十分小さければ計算を終了する．ペナルティパラメータ c が式 (11.18) を満たしていなければ，式 (11.18) を満たすよう c を更新する．

ステップ 2：（ステップ幅の計算）　次の条件を満たす最小の非負整数 l を求める．

$$f_c(x^k + (\beta)^l d^k) - f_c(x^k) \leq \alpha(\beta)^l f_c'(x^k; d^k)$$

$t_k := (\beta)^l$ とおき，$x^{k+1} := x^k + t_k d^k$ とする．行列 B_{k+1} を定める．$k := k+1$ として，ステップ 1 へ．

逐次 2 次計画法の収束性を考察しよう．次の定理に示すように，行列 B_k の更新が適切に行われるならば，逐次 2 次計画法で生成される点列は非線形計画問題 (11.14) の KKT 点に大域的収束する．

定理 11.4　逐次 2 次計画法で生成される点列 $\{d^k\}$ と $\{(x^k, \lambda^k, \mu^k)\}$ は有界であり，すべての k に対して

$$c_1 \|v\|^2 \geq v^T B_k v \geq c_2 \|v\|^2, \ \forall v \in R^n$$

が成り立つような正の定数 c_1, c_2 が存在すると仮定する．そのとき，$\{(x^k, \lambda^k, \mu^k)\}$ の任意の集積点は非線形計画問題 (11.14) の KKT 点である．

逐次 2 次計画法の収束の速さは行列 B_k の定め方に依存する．以下では，簡単のため，等式制約のみをもつ最小化問題を用いて説明する．等式制約付き最小化問題の KKT 条件は

$$\nabla L(x, \lambda) = \begin{pmatrix} \nabla_x L(x, \lambda) \\ \nabla_\lambda L(x, \lambda) \end{pmatrix} = 0 \tag{11.19}$$

と書くことができる．KKT 条件 (11.19) を非線形方程式と見なして，ニュートン法を適用すると，次の反復公式を得る．

$$\begin{pmatrix} x^{k+1} \\ \lambda^{k+1} \end{pmatrix} = \begin{pmatrix} x^k \\ \lambda^k \end{pmatrix} + \begin{pmatrix} d_x \\ d_\lambda \end{pmatrix} \tag{11.20}$$

ただし，(d_x, d_λ) はニュートン方程式

$$\nabla^2 L(x^k, \lambda^k) \begin{pmatrix} d_x \\ d_\lambda \end{pmatrix} = -\nabla L(x^k, \lambda^k) \tag{11.21}$$

の解である.式 (11.20) によって生成される点列 $\{(x^k, \lambda^k)\}$ は適当な仮定の下で非線形方程式 (11.19) の解,すなわち KKT 点に 2 次収束する.いま

$$\nabla L(x^k, \lambda^k) = \begin{pmatrix} \nabla f(x^k) + \nabla h(x^k)\lambda^k \\ h(x^k) \end{pmatrix}$$

$$\nabla^2 L(x^k, \lambda^k) = \begin{pmatrix} \nabla_x^2 L(x^k, \lambda^k) & \nabla h(x^k) \\ \nabla h(x^k)^T & 0 \end{pmatrix}$$

であるから,式 (11.21) は

$$\begin{pmatrix} \nabla_x^2 L(x^k, \lambda^k) & \nabla h(x^k) \\ \nabla h(x^k)^T & 0 \end{pmatrix} \begin{pmatrix} d_x \\ d_\lambda \end{pmatrix} = -\begin{pmatrix} \nabla f(x^k) + \nabla h(x^k)\lambda^k \\ h(x^k) \end{pmatrix} \quad (11.22)$$

と書ける.一方,逐次 2 次計画法の部分問題 (11.16) の KKT 条件

$$\nabla f(x^k) + B_k d^k + \nabla h(x^k)\lambda^{k+1} = 0$$

$$h(x^k) + \nabla h(x^k)^T d^k = 0$$

は次のように書き換えることができる[†1].

$$\begin{pmatrix} B_k & \nabla h(x^k) \\ \nabla h(x^k)^T & 0 \end{pmatrix} \begin{pmatrix} d^k \\ \lambda^{k+1} - \lambda^k \end{pmatrix} = -\begin{pmatrix} \nabla f(x^k) + \nabla h(x^k)\lambda^k \\ h(x^k) \end{pmatrix}$$

この式と式 (11.22) を比較すると

- $B_k = \nabla_x^2 L(x^k, \lambda^k)$
- $t_k = 1$

であれば,逐次 2 次計画法の反復によって得られる $x^{k+1}(= x^k + d^k)$ と λ^{k+1} は KKT 条件 (11.19) に対するニュートン法の反復で得られる点 $x^{k+1}(= x^k + d_x)$ と $\lambda^{k+1}(= \lambda^k + d_\lambda)$ に一致することがわかる.このことから,適当な条件の下で逐次 2 次計画法は 2 次収束することが期待される.一方,逐次 2 次計画法の大域的収束性を保証するためには,B_k は常に正定値行列となる必要がある.しかし,一般に $\nabla_x^2 L(x^k, \lambda^k)$ は正定値行列になるとはかぎらないので,$B_k := \nabla_x^2 L(x^k, \lambda^k)$ とするのは適切ではない.そこで,制約なし最小化問題に対する準ニュートン法のように,BFGS 公式[†2]

$$B_{k+1} = B_k + \frac{y^k(y^k)^T}{(s^k)^T y^k} - \frac{B_k s^k (s^k)^T B_k}{(s^k)^T B_k s^k} \quad (11.23)$$

を用いて $\nabla_x^2 L(x^k, \lambda^k)$ の近似正定値行列 B_k を生成する手法が提案されている.ただし,ラグランジュ関数の近似ヘッセ行列を BFGS 公式で生成する場合は

[†1] いま等式制約のみをもつ問題を考えていることに注意.
[†2] 制約なし最小化問題に対する BFGS 公式 (8.17) はヘッセ行列の近似逆行列 H_k を更新している.一方,ヘッセ行列の近似行列 $B_k(= H_k^{-1})$ は式 (11.23) で更新される.

$$s^k := x^{k+1} - x^k$$
$$y^k := \nabla_x L(x^{k+1}, \lambda^{k+1}) - \nabla_x L(x^k, \lambda^{k+1})$$

とする.さらに,B_{k+1} が正定値行列となることを保証するため,BFGS 公式 (11.23) において,次式で与えられる $\tilde{y}^k$ を y^k の代わりに用いる.

$$\tilde{y}^k := \theta y^k + (1-\theta) B_k s^k$$

ここで

$$\theta := \begin{cases} 1 & ((y^k)^T s^k \geqq 0.2(s^k)^T B_k s^k) \\ \dfrac{0.8(s^k)^T B_k s^k}{(s^k)^T B_k s^k - (y^k)^T s^k} & (\text{それ以外のとき}) \end{cases}$$

である.

上で述べたように,逐次 2 次計画法はステップ 2 においてステップ幅を $t_k = 1$ とすることができれば速い収束が期待できる.多くの場合,x^k が問題の最小解に近づくにつれ,アルミホのルールによって $t_k = 1$ が選ばれるが,場合によっては,x^k が最小解にいくら近づいても,ステップ 2 において $t_k = 1$ が採用されないことがある (章末の「理解度の確認」問 11.3 参照).この現象を**マラトス (Maratos) 効果**と呼ぶ.マラトス効果が起これば,逐次 2 次計画法の収束は遅くなる.

また,元の問題が実行可能であっても,ある反復において部分問題 (11.16) が実行可能解をもたないことがある.そのようなときは,制約条件を緩和した部分問題

$$\begin{aligned}
\min \quad & \nabla f(x^k)^T d + \frac{1}{2} d^T B_k d + M \left(\sum_{i=1}^m \xi_i + \sum_{j=1}^r \eta_j \right) \\
\text{s.t.} \quad & -\xi_i \leqq h_i(x^k) + \nabla h_i(x^k)^T d \leqq \xi_i \quad (i = 1, \ldots, m) \\
& g_j(x^k) + \nabla g_j(x^k)^T d \leqq \eta_j \quad (j = 1, \ldots, r) \\
& \eta_j \geqq 0 \quad (j = 1, \ldots, r)
\end{aligned}$$

を解くことによって,降下方向 d^k を定めればよい.ただし,$\xi_1, \ldots, \xi_m, \eta_1, \ldots, \eta_r$ は新たに導入した変数であり,M は十分大きい正の定数である.

本章のまとめ

❶ **内点法** ニュートン法を用いて実行可能集合の内部に点列を生成することにより,最小解を求める手法.

❷ **内点法の性質**
- 多くの場合,速い収束性をもつ.
- 線形計画問題や凸 2 次計画問題に対しては理論的に多項式時間の解法となる.

11. 内点法と逐次2次計画法

❸ **逐次2次計画法** 元の問題を近似する凸2次計画問題を繰り返し解くことにより，最小解に収束する点列を生成する手法.

❹ **逐次2次計画法の性質**
- 大域的収束性をもつ.
- 多くの場合，速い収束性をもつ.

●理解度の確認●

問 11.1 次の文章の空欄 (1)〜(4) に当てはまる言葉を下記の A〜G から選べ.

単体法は __(1)__ に特化された手法であるが，内点法はより広いクラスの問題である __(2)__ にも適用できる．単体法は実行可能集合の __(3)__ を探索する手法である．__(3)__ の数は有限であるため，単体法は有限反復の解法であるが，__(4)__ ではない．一方，内点法は実行可能集合の内部を探索する手法であり，__(2)__ に対しては，__(4)__ であることが示されている．

A. 頂点　　　　　　B. 内点　　　　　　C. 多項式時間の解法
D. 指数時間の解法　E. 線形計画問題　　F. 組合せ最適化問題
G. 凸2次計画問題

問 11.2 次の文章の空欄 (1)〜(4) に当てはまる数式・言葉を下記の A〜H から選べ.

逐次2次計画法は，元の問題を近似した __(1)__ を部分問題とする反復法である．__(2)__ を用いてステップ幅を定めることによって，大域的収束性が保証される．部分問題を構成する行列 B_k として __(3)__ の近似行列を使うと速い収束が期待できる．多くの場合，逐次2次計画法は効率よく最小解を見出すが，__(4)__ が起こると，収束が遅くなることもある．

A. $\nabla^2 f(x^k)$　　B. $\nabla_x^2 L(x^k, \lambda^k, \mu^k)$　　C. L_1 ペナルティ関数
D. 目的関数　　E. 線形計画問題　　F. 凸2次計画問題
G. KKT 条件　　H. マラトス効果

問 11.3 凸計画問題

$$\begin{aligned}\min\quad & x_1 \\ \text{s.t.}\quad & x_1^2 + x_2^2 - 1 \leq 0\end{aligned}$$

の最小解は $(x_1^*, x_2^*) = (-1, 0)$ であり，対応するラグランジュ乗数は $\mu^* = 1/2$ である．$B_k \equiv \nabla_x^2 L(x^*, \mu^*) = I$ として逐次2次計画法を適用する．そのとき，$x^k = (x_1^k, x_2^k)^T$ が $x_1^k < 0$ かつ $(x_1^k)^2 + (x_2^k)^2 - 1 = 0$ を満たし，ペナルティパラメータ c が 1 より大きいとき，マラトス効果が起こることを確認せよ．

付録 数学の記号と概念

本書で用いる数学の記号や基礎的概念をまとめる．

(1) **ベクトルと行列** 本書で取り扱うベクトルや行列の成分はすべて実数であり，特に，n 次元ベクトル x を $x \in R^n$ と書く．また，スカラーも実数であり，スカラー α を $\alpha \in R$ と書く．

(2) **数列，点列の添字** 本書では，スカラーの列 (数列) と行列の列の順番を表す添字は下に，ベクトルの列の添字は上に付けるものとする．例えば，数列は $\{\alpha_0, \alpha_1, \alpha_2, \ldots\}$，行列の列は $\{A_0, A_1, A_2, \ldots\}$，ベクトルの列は $\{x^0, x^1, x^2, \ldots\}$ などと表す．また，表記の簡単化のため，添字 k を用いて，$\{x^0, x^1, x^2, \ldots\}$ を $\{x^k\}$ で表す (数列 $\{\alpha_k\}$，行列の列 $\{A_k\}$ も同様である)．なお，ベクトル $x \in R^n$ に対して，x_i は x の i 番目の成分を表し，スカラー α に対して，$(\alpha)^k$ は α の k 乗を表すこととする．

(3) **転　置** $m \times n$ 行列 A に対して，その転置行列を A^T で表す．ベクトル $x \in R^n$ は縦 (列) ベクトルであり，$x^T = (x_1, x_2, \ldots, x_n)$ は横 (行) ベクトルを表すことに注意しよう．

(4) **内　積** n 次元ベクトル x と y の**内積**を $x^T y$ と定義する．

(5) **ノ ル ム** n 次元ベクトル x に対して $\|x\|$ は x のユークリッドノルム (l_2 ノルム) $\|x\| := \sqrt{x^T x}$ を表す．例えば，$x = (3, -4)^T$ ならば $\|x\| = \sqrt{3^2 + (-4)^2} = 5$ である．$m \times n$ 行列 A に対して $\|A\|$ は A の**行列ノルム**

$$\|A\| := \max\{\|Ax\| \mid \|x\| = 1, x \in R^n\}$$

を表す．

(6) **収束，極限，集積点** 任意の $\varepsilon > 0$ に対して

$$\|x^k - x^*\| \leq \varepsilon, \quad \forall k \geq M$$

を満たす非負整数 M が存在するとき，点列 $\{x^k\}$ は x^* に**収束する**という．また，x^* を点列 $\{x^k\}$ の**極限**という．

点列 $\{x^k\}$ が収束する部分列をもつとき，その部分列の極限を点列 $\{x^k\}$ の**集積点**という．集積点は複数あるいは無数に存在することがある．また，有界な点列は必ず集積点をもつ．例として，k が奇数のとき $a_k = 1 + 1/k$, 偶数のとき $a_k = 1/k$ となる数列 $\{a_k\}$ を考えよう．数列 $\{a_k\}$ は収束しないが，部分列 $\{a_2, a_4, a_6, \cdots\}$ と $\{a_1, a_3, a_5, \cdots\}$ はそれぞれ 0 と 1 に収束する．つまり，$\{a_k\}$ は二つの集積点 0 と 1 をもつ．

(7) **部分ベクトル，部分行列** ベクトル $x \in R^n$ に対して，集合 $N \subseteq \{1, 2, \ldots, n\}$ が与えられたとき，成分 x_i $(i \in N)$ をもつ部分ベクトルを $x_N \in R^{|N|}$ で表す（$|N|$ は集合 N の要素数を表す）．例えば，$n = 3, N = \{1, 3\}$ であるとき，$x_N = (x_1, x_3)^T$ となる．$m \times n$ 行列 A に対して，集合 $N \subseteq \{1, 2, \ldots, n\}$ が与えられたとき，$i \in N$ であるような A の第 i 列ベクトルを並べた行列を A_N と表す．例えば，行列

$$A = \begin{pmatrix} 1 & 3 & -1 & 0 & 5 \\ 2 & 4 & 3 & -2 & 8 \end{pmatrix}$$

に対して，$N = \{2, 5\}$ ならば

$$A_N = \begin{pmatrix} 3 & 5 \\ 4 & 8 \end{pmatrix}$$

となる．

(8) **差集合** V をある集合とし，A と B を V の部分集合とする．このとき，A から B の要素を取り除いた差集合を

$$A \backslash B = \{a \in V \mid a \in A, a \notin B\}$$

と表す．

(9) **オーダー記号** 本書では，オーダー（ランダウ）記号 O（ラージオー）と o（スモールオー）を次の二つの場合において用いる．

(a) **数列** 正の数列 $\{\alpha_k\}$ と $\{\beta_k\}$ に対して，$\alpha_k \leqq C\beta_k$ $(k = 1, 2, \ldots)$ となるような正の定数 C が存在するとき，$\alpha_k = O(\beta_k)$ と表す．また 0 に収束する正の数列 $\{C_k\}$ で，$\alpha_k \leqq C_k \beta_k$ $(k = 1, 2, \ldots)$ となるものが存在するとき，$\alpha_k = o(\beta_k)$ と表す．例として，$\alpha_k = 0.2^k$, $\beta_k = 0.4^k$ を考えてみよう．このとき，$\alpha_k = (0.5)^k \beta^k$ と書けるので，$C_k = (0.5)^k$ とすれば $\alpha_k = o(\beta_k)$ となることがわかる．これらの記号は，点列の収束の速さを議論するうえで便利である．また，この記号を用いて，アルゴリズムの計算時間，計算量を議論することがあ

る．例えば，あるアルゴリズムは $2n^3$ 回の演算 (足し算，引き算，掛け算など) で問題の解を求められるとしよう．ここで n は問題固有のパラメータ (例えば変数の数) である．このとき，そのアルゴリズムの計算時間は $O(n^3)$ であるという．これは，アルゴリズムの計算時間を $\alpha_k = 2k^3$ とし，$\beta_k = k^3, C = 2$ とすることによって，確かめられる．

(b) **関数の極限**　　関数 $g : R \to R$ に対して

$$\lim_{t \to 0} \frac{g(t)}{t} = 0$$

が成り立つとき $g(t) = o(t)$ であるという．また，$|t| \leq C_1$ であれば

$$|g(t)| \leq C_2 |t|$$

となるような正の定数 C_1, C_2 が存在するとき，$g(t) = O(t)$ と書く．定義より，明らかに，$g(t) = o(t)$ であれば $g(t) = O(t)$ となるが，逆は必ずしも成り立たない．

(10) **単位行列**　　対角成分がすべて 1 で，それ以外の成分がすべて 0 となる正方行列を**単位行列**といい，I で表す．

(11) **対称行列**　　$n \times n$ 行列 A が対称であるとは，$A = A^T$ が成り立つことをいう．対称な行列を**対称行列**という．

(12) **1 次独立**　　m 個のベクトル $v^1, \ldots, v^m \in R^n$ に対して

$$a_1 v^1 + a_2 v^2 + \cdots + a_m v^m = 0$$

を満たす $a_1, a_2, \ldots, a_m \in R$ が，$a_1 = a_2 = \cdots = a_m = 0$ だけであるとき，$v^1, \ldots, v^m$ は **1 次独立**または**線形独立**であるという．

(13) **正則行列と逆行列**　　$n \times n$ 行列 A に対して

$$AB = BA = I$$

となる $n \times n$ 行列 B が存在するとき，行列 A を**正則行列**という．さらに，行列 B を A の**逆行列**といい，A^{-1} と表す．

(14) **階　数**　　A を $m \times n$ 行列とし，A の列ベクトルを $a^1, a^2, \ldots, a^n \in R^m$ とする．

$$A = \begin{pmatrix} a^1 & a^2 & \cdots & a^n \end{pmatrix}$$

n 個のベクトル $\{a^1, a^2, \ldots, a^n\}$ から取り出せる 1 次独立なベクトルの最大数を行列 A の**階数**といい，rank A と表す．

$$A = \begin{pmatrix} 1 & 2 & 1 \\ 2 & 3 & 1 \\ 3 & 4 & 1 \end{pmatrix}$$

とすると

$$a^1 = \begin{pmatrix} 1 \\ 2 \\ 3 \end{pmatrix}, \quad a^2 = \begin{pmatrix} 2 \\ 3 \\ 4 \end{pmatrix}, \quad a^3 = \begin{pmatrix} 1 \\ 1 \\ 1 \end{pmatrix}$$

である．このとき，$a^1 - a^2 + a^3 = 0$ となるから，$\{a^1, a^2, a^3\}$ は1次独立ではない．一方，$\{a^1, a^2\}$ は1次独立であるから，行列 A の階数 rank A は2である．

(15) **半正定値行列と正定値行列**　　A を $n \times n$ 行列とする．任意の $v \in R^n$ に対して

$$v^T A v \geqq 0$$

が成り立つとき，A を**半正定値行列**という．さらに，$v \neq 0$ である任意の $v \in R^n$ に対して

$$v^T A v > 0$$

が成り立つとき，A を**正定値行列**という．

(16) **固有値，固有ベクトル**　　$n \times n$ 対称行列 A に対して

$$Av = \lambda v$$

を満たすスカラー $\lambda \in R$ と 0 でないベクトル $v \in R^n$ をそれぞれ A の**固有値**，**固有ベクトル**という．半正定値 (正定値) 対称行列のすべての固有値は非負 (正) である．

(17) **ベクトル値関数**　　関数 F の入力が n 次元ベクトルで，出力が m 次元ベクトルであるとき $F: R^n \to R^m$ と表す．このような関数を**ベクトル値関数**と呼ぶ．ベクトル値関数 $F: R^n \to R^m$ は

$$F(x) = \begin{pmatrix} F_1(x) \\ F_2(x) \\ \vdots \\ F_m(x) \end{pmatrix} = (F_1(x), \ldots, F_m(x))^T$$

と書ける．ここで，$F_1, \ldots, F_m$ は実数値関数である．

(18) **微分可能性**　　関数 $F: R^n \to R^m$ と $x \in R^n$ に対して，次の条件を満たす $m \times n$ 行列 A が存在するとき，関数 F は x において**微分可能**であるといい，行列 A を $F'(x)$ と表す．

$$\lim_{d \to 0} \frac{\|F(x+d) - F(x) - Ad\|}{\|d\|} = 0$$

また $F'(x)$ が x に関して連続となるとき，F は**連続的微分可能**であるという．さらに，$F'(x)$ の各成分が x に関して微分可能であるとき，F は **2 回微分可能**であるという．

(19) **ヤコビ行列** 微分可能関数 $F: R^n \to R^m$ に対して，$F'(x)$ は次のように表される．

$$F'(x) := \begin{pmatrix} \dfrac{\partial F_1(x)}{\partial x_1} & \cdots & \dfrac{\partial F_1(x)}{\partial x_n} \\ \vdots & \ddots & \vdots \\ \dfrac{\partial F_m(x)}{\partial x_1} & \cdots & \dfrac{\partial F_m(x)}{\partial x_n} \end{pmatrix}$$

ここで $\partial F_i(x)/\partial x_j$ は関数 $F_i: R^n \to R$ の x_j に関する偏微分係数

$$\lim_{d_i \to 0} \frac{F_i(x_1, \cdots, x_i + d_i, \cdots, x_n) - F_i(x_1, \cdots, x_i, \cdots, x_n)}{d_i}$$

である．行列 $F'(x)$ を F の x における**ヤコビ行列**と呼び，$F'(x)$ の転置行列を $\nabla F(x)$ と表す．

(20) **勾配とヘッセ行列** 微分可能関数 $f: R^n \to R$ に対して，n 次元ベクトル

$$\nabla f(x) = f'(x)^T = \begin{pmatrix} \dfrac{\partial f(x)}{\partial x_1} \\ \vdots \\ \dfrac{\partial f(x)}{\partial x_n} \end{pmatrix}$$

を f の x における**勾配**と呼ぶ．さらに，f が 2 回連続的微分可能であるとき

$$\nabla^2 f(x) = f''(x) = \left(\frac{\partial^2 f(x)}{\partial x_i \partial x_j} \right)$$

を f の x における**ヘッセ行列**と呼ぶ．ヘッセ行列は対称行列である．

(21) **テイラー展開** 関数 $F: R^n \to R^m$ が点 x において微分可能であるとき，x に十分近い点 x' に対して

$$F(x') = F(x) + \nabla F(x)^T (x' - x) + o(\|x' - x\|)$$

が成り立つ．この式の右辺を F の点 x のまわりでの 1 次の**テイラー展開**と呼ぶ．
2 回微分可能関数 $f: R^n \to R$ に対して，点 x のまわりでの 2 次のテイラー展開は次のように表される．

$$f(x') = f(x) + \nabla f(x)^T (x' - x) + \frac{1}{2}(x' - x)^T \nabla^2 f(x)(x' - x) + o(\|x' - x\|^2)$$

参 考 文 献

　本書を読み終えた読者がさらに高度な数理計画法を学習するための参考書をいくつか紹介しよう．数理計画法の分野では，世界の第一線で日本人研究者が活躍しており，日本語で書かれた専門書も多いので，以下で紹介する参考書は和書に限定する．洋書の専門書はそれらに掲載された参考文献を見てほしい．

　1) は数理計画全般を網羅したハンドブックである．本書で省略した現実問題に対する定式化技法や，種々の組合せ最適化問題に対する解法も数多く紹介されている．より高度な教科書として2)～4)が挙げられる．2) は連続最適化と組合せ最適化をバランスよく配した教科書である．一方，3) は線形計画，非線形計画，錐線形計画などの連続最適化を扱い，4) はグラフ，ネットワークを中心とした組合せ最適化を扱っている．

　本書の3章から6章で説明した最適性の条件および双対問題に関しては 5) が詳しい．特に，本書で省略したいくつかの定理の詳細な証明が与えられている．

　6) は世界中で読まれている線形計画法の教科書であり，単体法のみならず，双対理論など，具体的な例を挙げてわかりやすく解説している．本書では触れなかった組合せ最適化問題に対するメタヒューリスティクスについては数多くの参考書があるが，7) は個々のアルゴリズムの紹介だけでなく，それらを俯瞰できるような説明がなされている．8) は内点法に関する専門書であり，線形計画問題，凸2次計画問題だけでなく，半正定値計画問題や一般の非線形計画問題も扱っている．

　9) には，Excel 上で実行できるいくつかの最適化手法のプログラムが添付されている．実際にプログラムを動かしてみれば，それらの解法に対する理解を深めることができるだろう．

1）久保幹雄・田村明久・松井知己 編：応用数理計画ハンドブック，朝倉書店 (2002).
2）茨木俊秀，福島雅夫：最適化の手法，共立出版 (1993).
3）田村明久，村松正和：最適化法 (2002).
4）藤重 悟：グラフ・ネットワーク・組合せ論，共立出版 (2002).
5）福島雅夫：非線形最適化の基礎，朝倉書店 (2001).
6）バシェク・フバータル (阪田省二郎，藤野和建 共訳)：線形計画法〈上〉・〈下〉，啓学出版 (1986).
7）柳浦睦憲，茨木俊秀：組合せ最適化―メタ戦略を中心として，朝倉書店 (2001).
8）小島政和，水野眞治，土谷 隆，矢部 博：内点法，朝倉書店 (2001).
9）大野勝久，田村隆善，伊藤崇博：Excel によるシステム最適化，コロナ社 (2001).

理解度の確認；解説

(1 章)

問 1.1 $X = R^3$, $f(x) = x_1 + 3x_2^2 - 2x_3$

$$h(x) = \begin{pmatrix} 3x_1 + x_2 - 3 \\ x_3 + x_2 - 4 \end{pmatrix}, \quad g(x) = \begin{pmatrix} x_1 - x_2 - 5 \\ 1 - x_3 \end{pmatrix}$$

問 1.2 (解答例)　点 $(r,0)^T$ を中心とする半径 r の円に内接している三角形 ABC を考える．三角形 ABC の頂点 A, B, C の座標を z^{A}, z^{B}, z^{C} とする．z^{A} を原点 $(0,0)^T$ に固定し，$z^{\mathrm{B}} = (x_1, y_1)^T$, $z^{\mathrm{C}} = (x_2, y_2)^T$ と表す．このとき，z^{B} と z^{C} は円周上にあるから，x_1, x_2, y_1, y_2 は $(x_1 - r)^2 + y_1^2 = r^2$, $(x_2 - r)^2 + y_2^2 = r^2$ を満たさなければならない．2 点 z^{B} と z^{C} を通る直線 $(y_2 - y_1)(x - x_1) - (x_2 - x_1)(y - y_1) = 0$ と点 z^{A}（原点）との距離 h は

$$h = \frac{|-x_1(y_2 - y_1) + y_1(x_2 - x_1)|}{\sqrt{(x_1 - x_2)^2 + (y_2 - y_1)^2}} = \frac{|x_1 y_2 - x_2 y_1|}{\sqrt{(x_1 - x_2)^2 + (y_2 - y_1)^2}}$$

と表せる[†]．よって，三角形 ABC の面積 S は

$$S = \frac{1}{2}\|z^{\mathrm{B}} - z^{\mathrm{C}}\| h = \frac{1}{2}|x_1 y_2 - x_2 y_1|$$

となる．以上より，この問題は

$$\begin{aligned}
\max \quad & \frac{1}{2}(x_1 y_2 - x_2 y_1) \\
\text{s.t.} \quad & (x_1 - r)^2 + y_1^2 = r^2 \\
& (x_2 - r)^2 + y_2^2 = r^2
\end{aligned}$$

と定式化される．ただし，決定変数は x_1, x_2, y_1, y_2 である．ここで，変数 (x_1, y_1) と (x_2, y_2) の役割は対称的であるから，目的関数を最大化したとき，最大値は正となる．よって絶対値は付ける必要がないことに注意しよう．

問 1.3

$$\begin{aligned}
\max \quad & \sum_{i=1}^{4} r_i x_i \\
\text{s.t.} \quad & x \geq 0, \ \sum_{i=1}^{4} x_i = 1 \\
& \sum_{i=1}^{4} \sum_{j=1}^{4} v_{ij} x_i x_j \leq 0.1
\end{aligned}$$

問 1.4

$$\begin{aligned}
\min \quad & \mu \\
\text{s.t.} \quad & \mu I - A \text{ は半正定値行列} \\
& \mu \in R
\end{aligned}$$

[†] $(a, b) \neq (0, 0)$ のとき，直線 $ax + by + c = 0$ と原点との距離は $|c|/\sqrt{a^2 + b^2}$ である．

(2 章)

問 2.1 $f(x) = \sum_{s=1}^{n}\sum_{t=1}^{n} Q_{st} x_s x_t$ であるから

$$\frac{\partial f(x)}{\partial x_i} = \sum_{t=1}^{n} Q_{it} x_t + \sum_{s=1}^{n} Q_{si} x_s = (Qx)_i + (Q^T x)_i$$

となる．よって，$\nabla f(x) = (Q + Q^T)x$ である．また

$$\frac{\partial^2 f(x)}{\partial x_j \partial x_i} = \frac{\partial}{\partial x_j}\left(\sum_{t=1}^{n} Q_{it} x_t + \sum_{s=1}^{n} Q_{si} x_s\right) = Q_{ij} + Q_{ji}$$

となるから，$\nabla^2 f(x) = Q + Q^T$ である．

問 2.2 $x^0 = (0,0)^T$ において $f(x^0) = 1$, $\nabla f(x^0) = (-1,-1)^T$

$$\nabla^2 f(x^0) = \begin{pmatrix} 1 & 1 \\ 1 & 1 \end{pmatrix}$$

であるから，f を x^0 のまわりで 2 次近似した関数は

$$f(x^0) + \nabla f(x^0)^T (x - x^0) + \frac{1}{2}(x - x^0)^T \nabla^2 f(x^0)(x - x^0)$$
$$= 1 + x_1 + x_2 + \frac{1}{2}x_1^2 + \frac{1}{2}x_2^2 + x_1 x_2$$

と書ける．

問 2.3 (解答例)　　$f(x) = x_1^2/2 + x_2^2 + 2x_1 + x_2$ とする (解図 2.3 参照)．

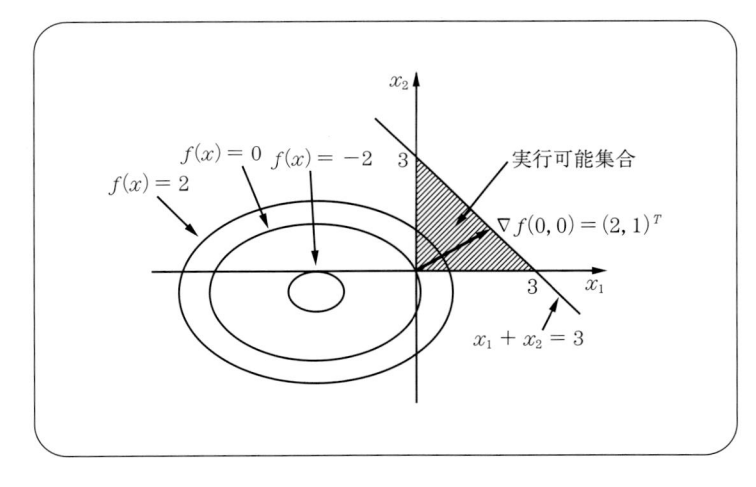

解図 2.3　問 2.3 の解答

問 2.4 $b \leq 0$ のとき，実行可能集合は $\mathcal{F} = R$ となるので，この問題が最小解をもつためには $a = 0$ でなければならない．一方，$b > 0$ のとき，実行可能集合は $\mathcal{F} = [-\ln b, \infty)$ となるので，最小解をもつためには $a \geq 0$ でなけれななならない．よって，問題が最小解をもつための条件は $b \leq 0$ かつ $a = 0$ または $b > 0$ かつ $a \geq 0$ である．

問 2.5　(1) G　(2) E　(3) O　(4) L　(5) H

問 2.6　略

(3 章)

問 3.1 目的関数が f, 実行可能集合が $\mathcal{F}$ である凸計画問題の最小解全体の集合を X^* とする. 任意の $x, y \in X^*$ と $\alpha \in [0,1]$ に対して, $x, y \in \mathcal{F}$ であり, $\mathcal{F}$ は凸集合であるから, $\alpha x + (1-\alpha) y \in \mathcal{F}$ である. さらに, $f(x) = f(y)$ に注意すると, f が凸関数であることから

$$f(\alpha x + (1-\alpha)y) \leqq \alpha f(x) + (1-\alpha) f(y) = f(x)$$

が成り立つ. よって, $\alpha x + (1-\alpha) y \in X^*$, つまり X^* は凸集合である.

問 3.2 $f(y_1, y_2) = \log(e^{y_1} + e^{-y_2})$ のヘッセ行列は

$$\nabla^2 f(y_1, y_2) = \frac{e^{y_1 - y_2}}{(e^{y_1} + e^{-y_2})^2} \begin{pmatrix} 1 & 1 \\ 1 & 1 \end{pmatrix}$$

であり, 任意のベクトル $v = (v_1, v_2)^T$ に対して

$$v^T \nabla^2 f(y_1, y_2) v = \frac{e^{y_1 - y_2}(v_1 + v_2)^2}{(e^{y_1} + e^{-y_2})^2} \geqq 0$$

であるから, すべての $y \in R^2$ において $\nabla^2 f(y_1, y_2)$ は半正定値行列である. よって, 関数 f は凸関数である.

問 3.3 $f(x) = x_1^2 + x_2^4$ とする. $p(z) = z^2$, $q(z) = z^4$ とすると, 関数 f は $f(x) = p(x_1) + q(x_2)$ と表すことができる. まず, p と q が狭義凸関数となることを示す. $a \neq b$ である任意の $a, b \in R$ に対して

$$p(a) - p(b) - \nabla p(b)^T (a-b)$$
$$= a^2 - b^2 - 2b(a-b)$$
$$= (a-b)^2 > 0$$

が成立するから, 凸関数の性質 (ⅰ) より p は狭義凸関数である. よって, 狭義凸関数の定義より, $a \neq b$ である任意の $a, b \in R$ と $\alpha \in (0,1)$ に対して

$$\alpha a^2 + (1-\alpha) b^2 > \{\alpha a + (1-\alpha) b\}^2 \geqq 0 \tag{1}$$

が成り立つ. この式を用いて q が狭義凸関数になることを示す. $c \neq d$ である任意の $c, d \in R$ と $\alpha \in (0,1)$ に対して, 式 (1) に $a = c^2, b = d^2$ を代入することにより

$$\alpha c^4 + (1-\alpha) d^4 > \{\alpha c^2 + (1-\alpha) d^2\}^2 > \{\alpha c + (1-\alpha) d\}^4$$

を得る. 最後の不等式は (1) から導かれる. この不等式は q が狭義凸関数であることを示している. p と q が凸関数であることより, f も凸関数である. 任意の $x, y \in R^2$ と $\alpha \in (0,1)$ に対して

$$f(\alpha x + (1-\alpha) y) = \alpha f(x) + (1-\alpha) f(y)$$

が成り立つのは, $p(\alpha x_1 + (1-\alpha) y_1) = \alpha p(x_1) + (1-\alpha) p(y_1)$ かつ $q(\alpha x_2 + (1-\alpha) y_2) = \alpha q(x_2) + (1-\alpha) q(y_2)$ のときだけである. p と q は狭義凸関数であるから, これは $x_1 = y_1$ かつ $x_2 = y_2$, つまり $x = y$ を意味している. よって, f は狭義凸関数である.

f のヘッセ行列は

$$\nabla^2 f(x) = \begin{pmatrix} 2 & 0 \\ 0 & 12 x_2^2 \end{pmatrix}$$

となるから, $x_2 \neq 0$ のときヘッセ行列は正定値行列であるが, $x_2 = 0$ のときは正定値行列ではない.

問 3.4 (解答例) $S = \{x \in R^2 \mid (x_1-1)^2 + x_2^2 \leq 2\}$, $T = \{x \in R^2 \mid (x_1+1)^2 + x_2^2 \leq 2\}$ とすると, S と T は凸集合であるが, $S \cup T$ は凸集合でない.

問 3.5 $g_1(x) = x_1^2 + x_2^2 - 1$, $g_2(x) = x_1$, $g_3(x) = x_2$ とすると, $S = \{x \mid g_j(x) \leq 0, j = 1,2,3\}$ である. g_1, g_2, g_3 は凸関数であるから, 集合 S は凸集合である.

(4 章)

問 4.1 関数 $f(t) = t - \log t - 1$ は凸関数であるから, その停留点は f の最小化問題の大域的最小点になる. $0 = \nabla f(t) = 1 - 1/t$ より停留点は $t = 1$ となり, f の最小値は $f(1) = 0$ である. よって, すべての $t > 0$ に対して $t - \log t - 1 \geq 0$ が成り立つ.

問 4.2 目的関数を f とすると, その勾配は
$$\nabla f(x) = 4x^3 - 12x^2 + 8x = 4x(x-1)(x-2)$$
と表せるから, 停留点は $x = 0, 1, 2$ である. さらに, $\nabla^2 f(x) = 12x^2 - 24x + 8$ であるから, それぞれの停留点において $\nabla^2 f(0) = 8$, $\nabla^2 f(1) = -4$, $\nabla^2 f(2) = 8$ を得る. よって, 停留点 $x = 0, 2$ では 2 次の必要条件と十分条件を満たすが, 停留点 $x = 1$ では 2 次の必要条件も十分条件も満たさない.

問 4.3 $f(x_1, x_2) = ax_1^2 + bx_2^2 + 2cx_1x_2$ とすると
$$\nabla f(x) = (2ax_1 + 2cx_2, 2cx_1 + 2bx_2)^T,$$
$$\nabla^2 f(x) = 2\begin{pmatrix} a & c \\ c & b \end{pmatrix}$$
となる. まず, すべての a, b, c に対して $\nabla f(0,0) = 0$ が成り立つことに注意する. $x^* = (0,0)^T$ が局所的最小解であるとき, 2 次の必要条件より $\nabla^2 f(0,0)$ が半正定値行列とならなければならない. $\nabla^2 f(0,0)$ が半正定値行列であることと, $a \geq 0$, $b \geq 0$, $ab - c^2 \geq 0$ であることは等価である.

逆に, $a \geq 0$, $b \geq 0$, $ab - c^2 \geq 0$ とすると, 関数 f は凸関数となり, さらに $\nabla f(0,0) = 0$ であるから, $x^* = (0,0)^T$ は局所的最小解になる. よって, $x^* = (0,0)^T$ が局所的最小解 (実は大域的最小解) であるための必要十分条件は, $a \geq 0$, $b \geq 0$, $ab - c^2 \geq 0$ である.

(5 章)

問 5.1 (解答例) $g_1(x) = x$, $g_2(x) = x^2 - x$ とする. このとき, g_1 および g_2 は凸関数であるから, 制約条件 $g_1(x) \leq 0$, $g_2(x) \leq 0$ を満たす実行可能集合は凸集合である. 一方, $g_1(x) < 0$ であるとき, $g_2(x) > 0$ となるから, $g_1(x^0) < 0$ かつ $g_2(x^0) < 0$ を満たす点 x^0 は存在しない.

問 5.2 この問題の KKT 条件は
$$\begin{pmatrix} 4x_1 + x_2 \\ x_1 + 2x_2 \end{pmatrix} + \lambda \begin{pmatrix} 1 \\ 1 \end{pmatrix} + \mu \begin{pmatrix} -1 \\ 0 \end{pmatrix} = 0$$
$$x_1 + x_2 - 1 = 0$$
$$\mu \geq 0, \ x_1 \geq 0, \ \mu x_1 = 0$$
と書ける. $x_2 = 1 - x_1$ (第 2 式) を第 1 式に代入すると, $\mu = 3x_1 + 1 + \lambda$, $\lambda = x_1 - 2$ となるから, $\mu = 4x_1 - 1$ を得る. この式を相補性条件に代入すると, $x_1(4x_1 - 1) = 0$ となるから, x_1 は 0 または $1/4$ である. $x_1 = 0$ のときは, $\mu = -1$ となるので, 条件 $\mu \geq 0$ を満たさない. 一方, $x_1 = 1/4$ のときは, $(x_1, x_2, \lambda, \mu) = (1/4, 3/4, -7/4, 0)$ となり, これは KKT 条件を満たす. よって, $(x_1, x_2, \lambda, \mu) = (1/4, 3/4, -7/4, 0)$ がこの問題の KKT 点である.

問 5.3 この問題の KKT 条件は以下のよう書ける．

$$-2x_1 + \lambda - \mu_1 = 0$$
$$-2x_2 + \lambda - \mu_2 = 0$$
$$x_1 + x_2 = 1$$
$$x_1 \geq 0,\ \mu_1 \geq 0,\ x_1\mu_1 = 0$$
$$x_2 \geq 0,\ \mu_2 \geq 0,\ x_2\mu_2 = 0$$

この条件を満たす KKT 点は $(x_1^*, x_2^*, \lambda^*, \mu_1^*, \mu_2^*) = (0,1,2,2,0),\ (1,0,2,0,2),\ (1/2,1/2,1,0,0)$ の 3 点である (相補性条件を場合分けして考えることにより得られる)．
次に最適性の 2 次の条件を調べる．

(a) $(x_1^*, x_2^*, \lambda^*, \mu_1^*, \mu_2^*) = (0,1,2,2,0)$ のとき $A(x) = \{1\}$ であるから

$$V(0,1) = \{d \mid (1,1)d = 0,\ (1,0)d = 0\} = \{(0,0)^T\}$$

となる．このとき, $d \in V(x)$ かつ $d \neq 0$ を満たすベクトル d は存在しないので, 2 次の十分条件は無条件に成り立つ．よって $(x_1^*, x_2^*) = (0,1)$ は局所的最小解である．

(b) $(x_1^*, x_2^*, \lambda^*, \mu_1^*, \mu_2^*) = (1,0,2,0,2)$ のとき $(x_1^*, x_2^*, \lambda^*, \mu_1^*, \mu_2^*) = (0,1,2,2,0)$ のときと同様にして, $(x_1, x_2) = (1,0)$ が局所的最小解となることがわかる．

(c) $(x_1^*, x_2^*, \lambda^*, \mu_1^*, \mu_2^*) = (1/2,1/2,1,0,0)$ のとき $A(1/2,1/2)$ は空集合となるから

$$V\left(\frac{1}{2},\frac{1}{2}\right) = \{d \mid (1,1)d = 0\} = \{(t,-t)^T \mid t \in R\}$$

と表せる．一方,

$$\nabla_x^2 L\left(\frac{1}{2},\frac{1}{2},1,0,0\right) = \begin{pmatrix} -1 & 0 \\ 0 & -1 \end{pmatrix}$$

であるから, $d \in V(1/2,1/2)$ に対して

$$d^T \nabla_x^2 L\left(\frac{1}{2},\frac{1}{2},1,0,0\right) d = -2t^2$$

となる．よって, $(x_1, x_2) = (1/2,1/2)$ は 2 次の必要条件を満たさないので局所的最小解ではない．

(6 章)

問 6.1 双対問題 (6.2) は

$$\begin{aligned} \min\quad & -b^T y \\ \text{s.t.}\quad & A^T y \leq c \end{aligned}$$

と書くことができるから, 双対問題の双対問題は

$$\begin{aligned} \max\quad & \min_y -b^T y + \lambda^T(A^T y - c) \\ \text{s.t.}\quad & \lambda \geq 0 \end{aligned} \qquad (1)$$

となる．ここで, 問題 (1) の目的関数は $\min_y (A\lambda - b)^T y - c^T \lambda$ と書けるので, $A\lambda - b \neq 0$ であれば $-\infty$ となる．よって, $A\lambda - b = 0$ となる λ だけを考えれば十分である．このとき, 問題 (1) は

$$\begin{aligned}\max\quad & -c^T\lambda\\ \text{s.t.}\quad & A\lambda = b\\ & \lambda \geqq 0\end{aligned}$$

と表せる. λ を x と書き,最大化問題を最小化問題に書き換えれば,元の線形計画問題 (6.1) を得る.

問 6.2

$$\begin{aligned}\max\quad & b^T y\\ \text{s.t.}\quad & A^T y = c\\ & y \geqq 0\end{aligned}$$

問 6.3 2 次計画問題のラグランジュ関数

$$L(x,\lambda,\mu) = \frac{1}{2}x^T Q x + q^T x + \lambda^T(Ax - b) - \mu^T x$$

は x に関して凸関数である. 任意の (λ,μ) に対して, $L(x,\lambda,\mu)$ の最小解 $\bar{x}$ は,最適性の 1 次の必要条件より,

$$\nabla_x L(\bar{x},\lambda,\mu) = Q\bar{x} + q + A^T\lambda - \mu = 0$$

を満たす. Q は正定値行列であるから正則であり

$$\bar{x} = -Q^{-1}(A^T\lambda - \mu + q)$$

と表せる. よって,双対問題の目的関数 $\omega(\lambda,\mu)$ は

$$\begin{aligned}\omega(\lambda,\mu) &= \min_{x\in R^n} L(x,\lambda,\mu)\\ &= -\frac{1}{2}(A^T\lambda - \mu + q)^T Q^{-1}(A^T\lambda - \mu + q) - b^T\lambda\end{aligned}$$

と表せるので,双対問題は以下のように書ける.

$$\begin{aligned}\max\quad & -\frac{1}{2}(A^T\lambda - \mu + q)^T Q^{-1}(A^T\lambda - \mu + q) - b^T\lambda\\ \text{s.t.}\quad & \mu \geqq 0\end{aligned}$$

(7 章)

問 7.1 $f(x) < f(y)$ であるから,y は問題 (7.1) の最小解ではない. さらに,単峰関数の定義より,$y > \bar{x}$ である (そうでないとすると,$x < y$ より $f(x) \geqq f(y)$ となり矛盾する). よって,単峰関数の性質 (b) より,任意の $z \in [y,u]$ に対して $f(z) \geqq f(y)$ が成り立つから,区間 $[y,u]$ の中に問題 (7.1) の最小解は存在しない.

問 7.2 この問題の最小解は $x^* = (-2, -0.5)^T$ である (**解図 7.2** 参照).

(a) $k = 0$ $f(0,0) = 0, f(1,0) = 2.5, f(0,1) = 2$ であるから,$x^{\min} = (0,0)^T$, $x^1 = (0,1)^T, x^{\max} = (1,0)^T$ となる. 反射点は $x^{\text{ref}} = (-1,1)^T$ となり,$f(x^{\text{ref}}) = 0.5$ である. $f(x^{\min}) < f(x^{\text{ref}}) < f(x^{\max})$ であるから,$x^{\max}$ を x^{ref} で置き換える.

(b) $k = 1$ $f(-1,1) = 0.5$ であるから,$x^{\min} = (0,0)^T, x^1 = (-1,1)^T, x^{\max} = (1,0)^T$ となる. 反射点は $x^{\text{ref}} = (-1,0)$ となり,$f(x^{\text{ref}}) = -1.5$ である. $f(x^{\text{ref}}) < f(x^{\min})$ であるから,拡張点 $x^{\exp} = (-1.5, -0.5)^T$ と $f(x^{\exp}) = -2.125$ を計算する. $f(x^{\exp}) < f(x^{\text{ref}})$ であるから,$x^{\max}$ を $x^{\exp}$ で置き換える.

(c) $k = 2$ $f(-1.5, -0.5) = -2.125$ であるから,$x^{\min} = (-1.5, -0.5)^T, x^1 = (0,0)^T$, $x^{\max} = (-1,1)^T$ となる. 反射点は $x^{\text{ref}} = (-0.5, -1.5)^T$ となり,$f(x^{\text{ref}}) = -0.125$ である. $f(x^{\min}) < f(x^{\text{ref}}) < f(x^{\max})$ であるから,$x^{\max}$ を x^{ref} で置き換える.

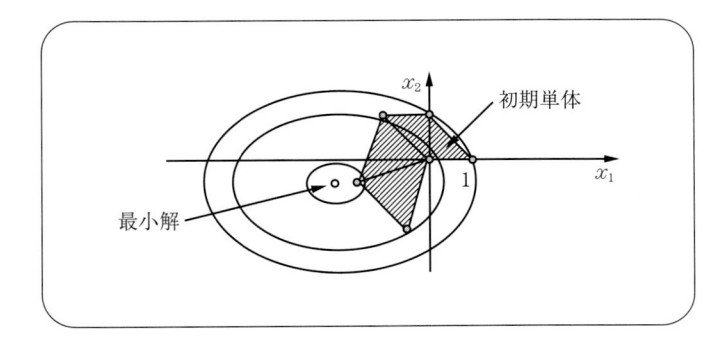

解図 7.2

(8 章)

問 8.1 問題 (8.9) は

$$\begin{aligned}\min\quad & \nabla f(x^k)^T d \\ \text{s.t.}\quad & \|d\|^2 = \|\nabla f(x^k)\|^2\end{aligned}$$

と等価である．最小解は KKT 条件を満たすので，KKT 条件を満たす点の中で目的関数が最小となるものを見つければ，それが最小解である．この問題の KKT 条件は

$$\nabla f(x^k) + 2\lambda d = 0$$
$$\|d\|^2 = \|\nabla f(x^k)\|^2$$

と書ける．ここで，$\lambda \in R$ はラグランジュ乗数である．$\lambda = 0$ とすると，第 1 式より $\nabla f(x^k) = 0$ となり，仮定に反する．$\lambda \neq 0$ より $d = -\nabla f(x^k)/(2\lambda)$ と書け，これを第 2 式に代入すると，$\lambda = \pm 1/2$ を得る．よって，KKT 条件を満たす d は $d^1 = -\nabla f(x^k)$ と $d^2 = \nabla f(x^k)$ の二つであるが，$(d^1)^T \nabla f(x^k) < (d^2)^T \nabla f(x^k)$ より，$d^1 = -\nabla f(x^k)$ が最小解である．

問 8.2 $V_k = I - s^k(y^k)^T/\{(s^k)^T y^k\}$ とすると

$$H_{k+1} = V_k H_k V_k^T + \frac{s^k (s^k)^T}{(s^k)^T y^k}$$

と書ける．任意の 0 でないベクトル $v \in R^n$ に対して，$(s^k)^T v = 0$ のとき，$V_k^T v = v$ であるから

$$v^T H_{k+1} v = v^T V_k H_k V_k^T v = v^T H_k v > 0$$

$(s^k)^T v \neq 0$ のとき，$V_k H_k V_k$ が半正定値行列であることから

$$v^T H_{k+1} v = v^T V_k H_k V_k^T v + \frac{((s^k)^T v)^2}{(s^k)^T y^k} \geq \frac{((s^k)^T v)^2}{(s^k)^T y^k} > 0$$

が成立する．よって，H_{k+1} は正定値行列である．

問 8.3 $q(d) := q_k(d) + \mu d^T d/2 = d^T(\nabla^2 f(x^k) + \mu I)d/2 + \nabla f(x^k)^T d$ とする．(d) より q は凸関数であり，(a) より d^k は q の停留点であるから，q の制約なし最小点になる．よって，任意の d に対して

$$q(d) - q(d^k) \geq 0$$

が成り立つ．特に問題 (8.20) の任意の実行可能解 d に対して

178   理解度の確認；解説

$$q_k(d) - q_k(d^k) = q(d) - q(d^k) - \frac{\mu}{2}(d^T d - (d^k)^T d^k) \geq \frac{\mu}{2}(\|d^k\|^2 - \|d\|^2)$$
$$\geq \frac{\mu}{2}(\|d^k\|^2 - \delta_k^2) = \frac{1}{2}\mu(\|d^k\| - \delta_k)(\|d^k\| + \delta_k) = 0$$

が成立する．ここで2番目の不等号は $\|d\| \leq \delta_k$ より，最後の等号は (c) より従う．(b) より d^k は実行可能解であるから，d^k は問題 (8.20) の大域的最小解である．

問 8.4　(1) K　　(2) J　　(3) E　　(4) A

（9　章）

問 9.1

$$\begin{aligned}
\min \quad & 200x_1 + 150x_2 + 100x_3 + 100x_4 \\
\text{s.t.} \quad & 10x_1 + 5x_2 + y_1 = 1\,000 \\
& 3x_2 + 8x_3 + 2x_4 + y_2 = 2\,000 \\
& 2x_2 + 2x_3 + 8x_4 + y_3 = 3\,000 \\
& x_1, x_2, x_3, x_4, y_1, y_2, y_3 \geq 0
\end{aligned}$$

問 9.2　基底変数の集合 B の候補は $\{1,2\}, \{1,3\}, \{2,3\}$ である．$B = \{1,2\}$ のとき，基底解は $(x_1, x_2, x_3)^T = (1, 1, 0)^T$ となり，これは実行可能基底解である．$B = \{1,3\}$ のとき，基底解は $(x_1, x_2, x_3)^T = (-1, 0, 1)^T$ となり，これは実行可能基底解ではない．$B = \{2,3\}$ のとき，基底解は $(x_1, x_2, x_3)^T = (0, 1/2, 1/2)^T$ となり，これは実行可能基底解である．

問 9.3

$$\begin{aligned}
\min \quad & z_1 + z_2 \\
\text{s.t.} \quad & x_1 - x_2 + 2x_3 + x_4 + z_1 = 3 \\
& x_1 + x_2 + x_3 - x_4 + z_2 = 1 \\
& x_1 \geq 0,\ x_2 \geq 0,\ x_3 \geq 0,\ x_4 \geq 0,\ z_1 \geq 0,\ z_2 \geq 0
\end{aligned}$$

問 9.4　いま，実行可能基底解 (x_B, x_N) が最小解であるから，$\mu_N = c_N - A_N^T \lambda_B \geq 0$ が成立している．また，シンプレックス乗数の定義より，$A_B^T \lambda_B = A_B^T (A_B^T)^{-1} c_B = c_B$ である．よって

$$A^T \lambda_B = \begin{pmatrix} A_B^T \lambda_B \\ A_N^T \lambda_B \end{pmatrix} \leq \begin{pmatrix} c_B \\ c_N \end{pmatrix} = c$$

が成り立つから，λ_B は双対問題 (6.2) の実行可能解である．一方，$A_B x_B = b$ と $x_N = 0$ より

$$b^T \lambda_B = x_B^T A_B^T \lambda_B = x_B^T A_B^T (A_B^T)^{-1} c_B = c_B^T x_B = c_B^T x_B + c_N^T x_N = c^T x$$

が成り立つ．弱双対定理より，双対問題 (6.2) の任意の実行可能解 y は $b^T y \leq c^T x$ を満たすので，$b^T y \leq b^T \lambda_B$ である．これは，λ_B が双対問題 (6.2) の最大解であることを示している．

（10　章）

問 10.1　(a) 子問題（または緩和問題）が実行可能解をもたないとき
　　　　(b) 子問題の最小解が得られたとき
　　　　(c) 子問題の下界値が暫定値より大きいとき

問 **10.2** (解答例) (1) x_1, x_2, x_3 の順に変数を 0 または 1 に固定する分枝図を**解図 10.2** に与える．(2) 各節点の数値は対応した連続緩和問題の最小値 (下界値) である．なお，∞ は連続緩和問題が実行不可能であることを表してる．

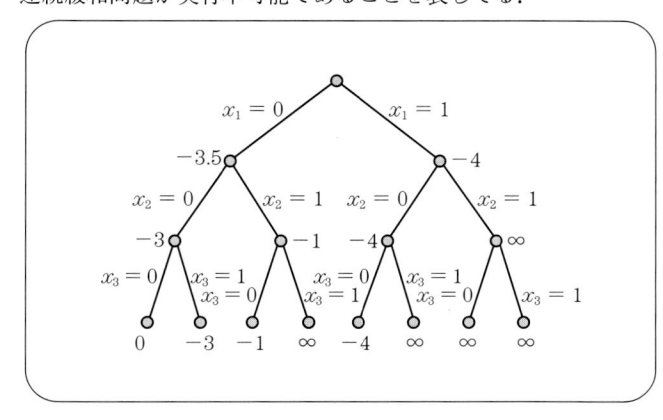

解図 10.2

問 **10.3** (1) B (2) D (3) C (4) A

（11 章）

問 **11.1** (1) E (2) G (3) A (4) C
問 **11.2** (1) F (2) C (3) B (4) H
問 **11.3** $f(x) = x_1$, $g(x) = x_1^2 + x_2^2 - 1 = \|x\|^2 - 1$ とする．$B_k = I$ のとき，部分問題 (11.16) の KKT 条件は

$$\nabla f(x^k) + d^k + \mu \nabla g(x^k) = 0 \tag{1}$$

$$g(x^k) + \nabla g(x^k)^T d^k \leqq 0, \; \mu \geqq 0, \; (g(x^k) + \nabla g(x^k)^T d^k)\mu = 0 \tag{2}$$

と書ける．$\mu = 0$ とすると，式 (1) より，$(d_1^k, d_2^k)^T = -\nabla f(x^k) = (-1, 0)^T$ であり，さらに $g(x^k) = 0$ より

$$g(x^k) + \nabla g(x^k)^T d^k = -2x_1^k > 0$$

となるが，これは式 (2) に矛盾する．よって $\mu > 0$ である．このとき，式 (2) と $g(x^k) = \|x^k\|^2 - 1 = 0$ より $0 = g(x^k) + \nabla g(x^k)^T d^k = 2(x^k)^T d^k$ となるから

$$g(x^k + d^k) = \|x^k + d^k\|^2 - 1 = \|x^k\|^2 + 2(x^k)^T d^k + \|d^k\|^2 - 1 = \|d^k\|^2 \tag{3}$$

が成り立つ．式 (1) の両辺に $(d^k)^T$ を掛けると

$$0 = \nabla f(x^k)^T d^k + \|d^k\|^2 + \mu \nabla g(x^k)^T d^k = d_1^k + \|d^k\|^2 - \mu g(x^k) \tag{4}$$

を得る．よって，$g(x^k) = 0$ に注意すると

$$\begin{aligned}&f_c(x^k + d^k) - f_c(x^k) \\ &= f(x^k + d^k) + c \max\{0, g(x^k + d^k)\} - f(x^k) - c \max\{0, g(x^k)\} \\ &= x_1^k + d_1^k + c\|d^k\|^2 - x_1^k \\ &= (c - 1)\|d^k\|^2\end{aligned}$$

が成り立つ．ただし，2 番目の等式には式 (3) を，最後の等式には式 (4) と $g(x^k) = 0$ を用いている．$c > 1$ であるから，$l = 0$ すなわち $t_k = (\beta)^0 = 1$ は不等式 (11.17) を満たさない．したがってアルミホのルールによって定まるステップ幅 t_k は決して 1 にならない．

索 引

【あ】
アルゴリズム ……………… 28
アルミホのルール ………… 101
鞍 点 ……………………… 75

【い】
意思決定者 ………………… 3
1次近似 …………………… 23
1次収束 …………………… 30
1次独立 …………………… 167
1次独立制約想定 ………… 58

【う】
ウォルフのルール ………… 101

【お】
黄金分割比 ………………… 91
黄金分割法 ………………… 88
オーダー記号 ……………… 166

【か】
解 …………………………… 5
階 数 ……………………… 167
外部縮小点 ………………… 95
解 法 ……………………… 28
下界値 ………………… 82, 142
下界値テスト ……………… 143
拡張点 ……………………… 94
感度解析 …………………… 83
緩和問題 …………………… 141

【き】
基底解 ……………………… 122
基底行列 …………………… 122
基底変数 …………………… 122
狭義凸関数 ………………… 37
狭義の局所的最小解 ……… 26
狭義の相補性条件 ………… 59
強双対定理 ………………… 78
共役勾配法 ………………… 111
共役方向法 ………………… 111
極 限 ……………………… 165
局所的最小解 ……………… 25
局所的収束 ………………… 30

近似解 ……………………… 26

【く】
組合せ最適化問題 ………… 8

【け】
決定変数 …………………… 3
ゲーム理論 ………………… 76
限定操作 ……………… 140, 142

【こ】
降下法 ……………………… 100
降下方向 …………………… 100
勾 配 …………………… 22, 169
子問題 ……………………… 140
固有値 ……………………… 168
固有ベクトル ……………… 168

【さ】
最急降下法 ………………… 104
最急降下方向 ……………… 104
最小解 ……………………… 5
最小二乗問題 ……………… 12
最小添字規則 ……………… 134
最小値関数 ………………… 84
最大解 ……………………… 5
最適解 ……………………… 5
最適性の1次の必要条件
 …………………………… 50, 59
最適性の条件 ……………… 26
最適性の2次の十分条件
 …………………………… 54, 67
最適性の2次の必要条件
 …………………………… 51, 66
最良優先探索 ……………… 146
サポートベクター ………… 16
サポートベクターマシン … 16, 81
暫定解 ……………………… 142
暫定値 ……………………… 142

【し】
指数時間の解法 …………… 30
実行可能 …………………… 5
実行可能解 ………………… 5
実行可能基底解 …………… 122

実行可能集合 ……………… 5
実行可能領域 ……………… 5
実行不可能 ………………… 5
弱双対定理 ………………… 74
集積点 ……………………… 166
収束する …………………… 165
収束率 ……………………… 30
終端 ………………………… 142
自由変数 …………………… 140
終了条件 …………………… 31
縮小点 ……………………… 95
主問題 ……………………… 73
巡環 ………………………… 134
準ニュートン法 …………… 108
条件数 ……………………… 104
初期実行可能基底解 ……… 133
初期点 ……………………… 28
シンプレックス乗数 ……… 127
シンプレックス法 …… 93, 126
信頼半径 …………………… 112
信頼領域 …………………… 112
信頼領域法 ………………… 112

【す】
数理計画問題 ……………… 2
ステップ幅 ………………… 29
スラック変数 ……………… 120
スレイターの制約想定 …… 58

【せ】
正則行列 …………………… 167
正定値行列 …………… 24, 168
制 約 ……………………… 5
制約関数 …………………… 4
制約条件 …………………… 5
制約想定 …………………… 58
制約付き最小化問題 ……… 6
制約なし最小化問題 ……… 5
セカント条件 ……………… 109
線形計画問題 ……………… 6

【そ】
相対コスト係数 …………… 127
双対ギャップ ……………… 75
双対変数 …………………… 71

双対問題 …………… 28, 70

【た】

大域的最小解 ………………… 25
大域的最小値 ………………… 25
大域的収束 …………………… 29
退　化 ……………………… 123
楕円体法 …………………… 129
多項式時間の解法 …………… 30
探索方向 ……………………… 28
単体縮小 ……………………… 96
単体法 ………………… 93, 126
端　点 ……………………… 122
単峰関数 ……………………… 97

【ち】

逐次2次計画法 …………… 160
中心パス …………………… 154
　　　── の近傍 ………… 156
超1次収束 …………………… 30
頂　点 ……………………… 122
直接探索法 …………………… 93
直線探索 …………………… 101
直線探索法 ………………… 101

【て】

テイラー展開 ………… 23, 169
停留点 ………………………… 50
データマイニング …………… 13

【と】

等式制約 ……………………… 5
等式制約問題 ………………… 6
凸関数 …………………… 7, 37
ドッグレッグ法 …………… 114
凸計画問題 …………………… 7

凸集合 …………………… 7, 37
凸多面体 …………………… 121

【な】

内点法 ……………………… 154
内部縮小点 …………………… 95
ナップサック問題 …………… 17

【に】

2次近似 ……………………… 23
2次計画問題 ………………… 6
2段階法 …………………… 133
ニュートン法 ……… 105, 155
ニュートン方向 …………… 106
ニュートン方程式 ………… 155

【は】

反射点 ………………………… 94
半正定値行列 ………… 24, 168
反復法 ………………………… 28

【ひ】

非基底変数 ………………… 122
非線形計画問題 ……………… 6
非退化 ……………………… 123
非負制約 …………………… 120
ピボット操作 ……………… 128
標準形 ……………………… 120

【ふ】

深さ優先探索 ……………… 146
不等式制約 …………………… 5
不等式制約問題 ……………… 6
部分問題 ……………… 28, 159
分枝限定法 ………………… 140
分枝図 ……………………… 143

分枝操作 …………… 140, 141

【へ】

ベクトル値関数 …………… 168
ヘッセ行列 …………… 22, 169
ペナルティパラメータ …… 159

【ま】

マラトス効果 ……………… 163

【も】

目的関数 ……………………… 3

【や】

ヤコビ行列 ………………… 169

【ゆ】

有界でない ………………… 124
有限反復の解法 ……………… 30
有効集合 ……………………… 58

【ら】

ラグランジュ関数 …… 27, 60
ラグランジュ緩和問題 …… 148
ラグランジュ乗数 …… 27, 60
ラグランジュの双対問題 … 71
ラグランジュの未定乗数法 · 61

【り】

離散最適化問題 ……………… 8
隣　接 ……………………… 125

【れ】

連続緩和問題 ……………… 142
連続最適化問題 ……………… 8
連続的微分可能 …………… 169

【B】

BFGS公式 ………………… 109

【K】

Karush-Kuhn-Tucker条件 ·59
KKT条件 …………………… 59
KKT点 ……………………… 59

【L】

LICQ ………………………… 58
L_1ペナルティ関数 ………… 159

【N】

n次元単体 ………………… 93
Nelder-Mead法 …………… 93

【P】

p次収束 …………………… 30

0-1整数計画問題 ………… 138
0-1制約 …………………… 138

―― 著者略歴 ――

山下　信雄（やました　のぶお）
1996 年　奈良先端科学技術大学院大学博士後期課程短期修了
　　　　（情報システム学専攻）
　　　　博士（工学）（奈良先端科学技術大学院大学）
現在，京都大学大学院准教授

福島　雅夫（ふくしま　まさお）
1974 年　京都大学大学院修士課程修了（数理工学専攻）
1979 年　工学博士（京都大学）
2013 年　京都大学名誉教授
現在，南山大学教授

数理計画法
Mathematical Programming　ⓒ　一般社団法人　電子情報通信学会　2008

2008 年 5 月 23 日　初版第 1 刷発行
2013 年 6 月 30 日　初版第 2 刷発行

検印省略	編　者	一般社団法人 電子情報通信学会 http://www.ieice.org/
	著　者	山　下　信　雄 福　島　雅　夫
	発行者	株式会社　コロナ社 代表者　牛来真也

112-0011　東京都文京区千石 4-46-10
発行所　株式会社　**コ ロ ナ 社**
CORONA PUBLISHING CO., LTD.
Tokyo Japan　　Printed in Japan
振替 00140-8-14844・電話(03)3941-3131(代)

http://www.coronasha.co.jp

ISBN 978-4-339-01838-7
印刷：三美印刷／製本：グリーン

本書のコピー，スキャン，デジタル化等の無断複製・転載は著作権法上での例外を除き禁じられております。購入者以外の第三者による本書の電子データ化及び電子書籍化は，いかなる場合も認めておりません。

落丁・乱丁本はお取替えいたします